"十二五"普通高等教育本科规划教材

高分子材料科学实验

倪才华　陈明清　刘晓亚　主编

化学工业出版社

·北京·

本教材介绍了高分子材料科学的相关实验，分为五大部分，分别为高分子化学实验（11 个题目）、高分子物理实验（13 个题目）、高分子加工实验（12 个题目）、高分子涂料实验（10 个题目）和高分子综合实验（7 个题目）。附录部分给出了常见聚合物中英文名称、常见聚合物的相关参数以及历届诺贝尔化学奖获得者介绍。本教材力求涵盖面广、内容精选、简明实用、可操作性强。

本教材可供工科院校高分子材料专业本科生作为教材使用，也可供高分子材料行业相关从业者参考。

图书在版编目（CIP）数据

高分子材料科学实验/倪才华，陈明清，刘晓亚主编．—北京：化学工业出版社，2015.7

"十二五"普通高等教育本科规划教材

ISBN 978-7-122-23968-6

Ⅰ.①高…　Ⅱ.①倪…②陈…③刘…　Ⅲ.①高分子材料-实验-高等学校-教材　Ⅳ.①TB324.02

中国版本图书馆 CIP 数据核字（2015）第 101900 号

责任编辑：杨　菁　　　　　　　　　　　　文字编辑：颜克俭
责任校对：宋　玮　　　　　　　　　　　　装帧设计：关　飞

出版发行：化学工业出版社（北京市东城区青年湖南街 13 号　邮政编码 100011）
印　　装：高教社（天津）印务有限公司
787mm×1092mm　1/16　印张 10¼　字数 251 千字　2015 年 8 月北京第 1 版第 1 次印刷

购书咨询：010-64518888（传真：010-64519686）　售后服务：010-64518899
网　　址：http://www.cip.com.cn
凡购买本书，如有缺损质量问题，本社销售中心负责调换。

定　　价：26.00 元

前　言

为了适应教学改革的需要，贯彻"知识、能力和素质三位一体"的教学理念，培养"重基础、强能力、有特色"的工科技术人才，我们编写了这本《高分子材料科学实验》。根据工科高分子材料本科专业的学习需求，本教材包含了"高分子化学实验"、"高分子物理实验"、"高分子加工实验"、"高分子涂料实验"和"高分子综合实验"五个部分，除了涵盖高分子科学实验的一些基本实验题目外，还适当地编进了一些较新的实验技术及内容，以便使学生们能够跟踪掌握高分子学科实验技术的发展，培养其知识更新和技术创新的能力。

为了有利于提高学生的专业英语水平，本教材增加了一些专业术语、聚合物名称等关键词的中英文对照，以便使学生在实践中掌握专业英语词汇、扩大英语阅读量、提高英文的实际应用能力。我们希望学生通过使用本教材，积累实践经验，为以后进行高分子科学及实验的双语教学打下基础。

本教材的讲义稿在我校高分子材料专业的实验教学中使用多年，参加编写的教师们长期从事实验教学工作，不断对该讲义进行修正、凝练和完善，积累了丰富的经验，最后形成了这本适合本专业使用的教材。

参加本教材编写工作的老师有：熊万兵、石刚、倪才华（高分子化学实验部分）；王玮、张胜文（高分子物理实验部分）；东为富、白绘宇（高分子加工实验部分）；姚伯龙、刘仁（高分子涂料实验部分）；罗静（高分子综合实验部分）；关键词英汉对照部分由倪才华和石刚完成，附录由石刚完成；陈明清教授和刘晓亚教授对本教材进行修改审定，全书由倪才华教授统稿。

本教材力求涵盖面宽、内容精选、难易适度、简明适用，可供工科院校高分子材料专业方向的本科生使用。由于我们知识水平所限，书中不当之处在所难免，恳请读者批评指正。

编者
2015 年 2 月

目 录

高分子化学实验

（Experiments of Polymer Chemistry）

【实验题目1】 单体纯化（Monomer purification）及其处理

一、实验目的

了解单体纯化原理，掌握碱洗法纯化处理单体技术。

二、操作要点及相关知识预习

1. 操作要点：NaOH 溶液的配制、分液漏斗（Funnel）的使用。
2. 相关知识预习：常见阻聚剂（Inhibitor）的性质。

三、实验原理

在高分子合成实验中，单体是最主要的原料。常用的有烯类单体，例如苯乙烯（Styrene）、丙烯酸（Propenoic acid）、丙烯酰胺（Acrylamide）、丙烯酸酯（Acrylic ester）等，也包括某些其他类型单体，例如己二酸（Hexanedioic acid）、己二胺（Hexamethylenediamine）、双酚 A（Bisphenol A）等类型。单体中的杂质来源多种多样，其中有生产过程中引入的副产物，例如苯乙烯中的乙苯（Phenylethane）和二乙烯苯（Divinylbenzene）；单体在储存时加入的阻聚剂；单体在储运过程中与氧接触形成的氧化或还原产物，例如二烯单体（Ethylene propylene diene monomer）中的过氧化物（Peroxide）、苯乙烯中的苯乙醛（Phenylacetaldehyde）以及少量聚合物。这些杂质的存在有些会影响聚合反应的进行，使聚合反应不能进行或者聚合诱导期比较长，有些杂质则影响聚合产物的质量，因而需要对单体进行提纯。

固体单体常用的纯化方法为重结晶（Crystallization），例如己二胺和己二酸的 66-盐用乙醇重结晶；双酚 A 用甲苯重结晶和升华（Sublimation）；液体单体可采用减压蒸馏（Reduced pressure distillation）、在惰性气氛下分馏的方法进行纯化，也可以用色谱（Chromatograph）分离纯化单体。

实验室常见的提纯方法有如下几种。

1. 酸性杂质如阻聚剂对苯二酚（Benzenediol）等用稀 NaOH 溶液洗涤除去，碱性杂质（如阻聚剂苯胺）可用稀盐酸洗涤除去。

2. 单体的脱水干燥，一般情况下可用普通干燥剂（Desiccant），如无水 CaCl₂、无水

Na_2SO_4 和变色硅胶（Silica gel）。严格要求时，需要使用 CaH_2 来除水，进一步地除水，需要加入 1,1-二苯基乙烯阴离子（仅适用于苯乙烯）或 $AlEt_3$（适用于甲基丙烯酸甲酯等），待液体呈一定颜色后，再蒸馏出单体。

3. 芳香族杂质可用硝化试剂除去，杂环化合物可用硫酸洗涤除去，注意苯乙烯绝对不能用浓硫酸洗涤。

4. 采用减压蒸馏法除去单体中的高沸点杂质（Impurity）。

四、仪器药品

1. 仪器：分液漏斗。
2. 化学药品：氢氧化钠（Sodium hydroxide），无水硫酸钠（Anhydrous sodium sulfate），甲基丙烯酸甲酯（Methyl methacrylate）、苯乙烯（Styrene）。

五、操作步骤

1. 在 150mL 的分液漏斗中放入 50mL 甲基丙烯酸甲酯或者苯乙烯，再加入 20mL 的 NaOH 溶液［10％（质量）］，充分震荡后静置分层分离，得到碱洗过的单体。

2. 碱洗后的单体再加入 20mL 去离子水，重复上述步骤，得到水洗后的单体。

3. 在水洗后的单体中加入 20g 无水硫酸钠，搅拌震荡，过滤分离。

六、说明及注意事项

水洗后要测定单体的 pH，如果 pH 呈碱性则需要再进行一遍水洗，直至中性。

七、思考题

1. 如果甲基丙烯酸甲酯聚合之前不进行纯化，对聚合会有什么影响？
2. 碱洗法纯化的苯乙烯单体能否用于离子聚合（Ionic polymerization）？
3. 乙酸乙烯酯是否适合用碱洗法进行纯化？

【实验题目2】 甲基丙烯酸甲酯（Methyl methacrylate）的本体聚合（Bulk polymerization）

一、实验目的

1. 用本体聚合的方法制备有机玻璃（PMMA），了解聚合原理（Principles of polymerization）和特点，特别是了解反应温度对产品性能的影响。

2. 掌握有机玻璃制备技术，要求制备品无气泡（Bubble）、无损缺（Imperfect）、透明（Transparent）和光洁（Clean）。

二、操作要点及相关知识预习

1. 操作要点：反应温度的控制。
2. 相关知识预习：本体聚合原理。

三、实验原理

本体聚合是不加其他介质，只有单体本身在引发剂（Initiator）或光、热等作用下进行的聚合。

本实验是以甲基丙烯酯甲酯（MMA）进行本体聚合，生产有机玻璃。甲基丙烯酸甲酯在引发剂偶氮二异丁腈（AIBN，2,2′-azobisisobutyronitrile）存在下进行如下聚合反应：

$$\underset{\underset{OCH_3}{\overset{C=O}{|}}}{\overset{\overset{CH_3}{|}}{H_2C=C}} \quad \xrightarrow{\text{AIBN}} \quad \left[\underset{\underset{OCH_3}{\overset{C=O}{|}}}{\overset{\overset{CH_3}{|}}{H_2C-C}}\right]_n$$

甲基丙烯酸甲酯聚合反应方程式

用 MMA 进行本体聚合时，为了解决散热、避免自动加速（Automatic acceleration）作用而引起的爆聚（Implosion）现象，以及单体转化为聚合物时由于密度不同而引起的体积收缩等问题，工业上或实验室目前多采用预聚-浇铸（Prepolymerizatin-pouring）的聚合方法。将本体聚合迅速进行到某种程度（转化率 10% 左右）做成单体中溶有聚合物的黏稠溶液（预聚）后，再将其注入相应的模具（Mould）中，在低温下缓慢聚合使转化率（Conversion rate）达到 93%～95%，最后在 100℃下高温聚合至反应完全，最后脱模（Demould）制得有机玻璃。

四、仪器药品

1. 仪器：四口烧瓶（Four flask），搅拌器（Stirrer），温度计（Thermometer），冷凝管（Condenser），氮气导管（Nitrogen catheter），试管（Test tube），恒温水浴（Thermostatic water bath），烘箱（Oven）。

2. 化学药品：甲基丙烯酸甲酯，偶氮二异丁腈。

五、操作步骤

1. 预聚合（Prepolymerizatin）：准确量取 50g 甲基丙烯酸甲酯，0.5g 偶氮二异丁腈，混合均匀，投入 250mL 配有冷凝管、氮气导管与温度计的四口瓶中，开启冷却水，开动搅拌，通氮气，采用水浴控温，升温至 70℃，反应 30min 后取样，若聚合物具有一定黏度（转化率 7%～10%），则移去热源，冷却至 50℃，补加 0.2g 偶氮二异丁腈，搅拌均匀。

2. 后聚合（Post polymerization）：取 1.5cm×15cm 试管若干只，分别进行灌注，灌注高度 5～7cm，然后静置（Standing）片刻，或者在 60℃的恒温水浴（Thermostatic water bath）中加热数分钟，直到试管内无气泡为止，取出放入 30℃左右的烘箱或者恒温震荡水浴中（若气温较高可以直接在室温下）反应 1～2 天，直至硬化。硬化后再沸水中熟化 1h，使反应趋于完全，撤除试管即可得到一段透明度高、光洁的圆柱形聚甲基丙烯酸甲酯（即有机玻璃）。

六、说明及注意事项

1. 预聚合时要严格控制反应温度，避免反应温度过高反应过快从而产生爆聚。

2. 后聚合时试管灌注量不宜过大，否则灌注过多，压力过大，可能使气泡不易溢出，影响圆柱体的透明度（Transparency）。

七、思考题

1. 本体聚合的特点是什么？本体聚合为什么要采取分段聚合（Stepwise polymerization），即先高温后低温而后再高温的工艺？
2. 为何在预聚合结束后需要补加 AIBN？
3. 制品中的"气泡"、"裂纹（Flaw）"等是如何产生的？如何防止？
4. 如果反应中不通氮气对反应有什么影响？

【实验题目3】 苯乙烯和顺丁烯二酸酐（Maleic anhydride）交替共聚（沉淀聚合）

一、实验目的

1. 建立共聚合（Copolymerization）的概念。
2. 了解苯乙烯与顺丁烯二酸酐的交替共聚（Alternating copolymerization）原理及方法。
3. 测定苯乙烯-顺丁烯二酸酐共聚物（Copolymer）的组成。
4. 了解沉淀聚合（Precipitation polymerization）反应特点。

二、操作要点及相关知识预习

1. 操作要点：反应温度控制。
2. 相关知识预习：交替共聚原理，沉淀聚合相关知识，高分子反应特点，酸碱滴定（Acid-base titration）原理。

三、实验原理

顺丁烯二酸酐由于分子结构对称，极化度低，一般不能发生均聚（Homopolymerization）。但是能与苯乙烯进行很好的共聚，这是因为顺丁烯二酸酐上有强吸电子基团，使双键上电子云密度（Electron cloud density）降低，因而具有正电性，而苯乙烯具有共轭体系（Conjugated system）结构，电子的流动性相当大，电子云容易漂移，如图所示：

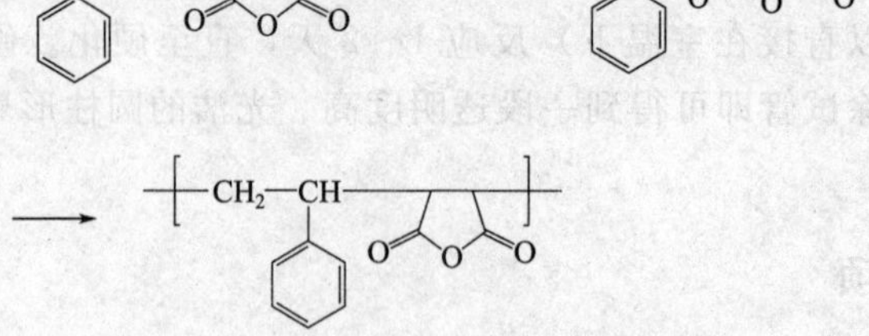

苯乙烯-顺丁烯二酸酐共聚反应方程式

其共聚组成（Copolymer composition）方程为：

$$F_1 = \frac{r_1 f_1^2 + f_1 f_2}{r_1 f_1^2 + 2 f_1 f_2 + r_2 f_2^2}$$

当 $r_1 \to 0$，$r_2 \to 0$ 时，这两种单体的均聚倾向都极小，而共聚的倾向则很大，最后形成一种交替排列的共聚物，其共聚物组成 $F_1 = 1/2$。苯乙烯（M_1）-顺丁烯二酸酐（M_2）共聚的竞聚率（Reactivity ratio）$r_1 = 0.04$，$r_1 = 0.015$，$r_1 r_2 = 0.006$。若两者投料比 1:1（摩尔），则得到的是非常接近交替共聚的产物。

苯乙烯-顺丁烯二酸酐的共聚反应是以甲苯为溶剂，偶氮二异丁腈为引发剂进行的溶液聚合，由于单体溶解在溶剂中而生成的聚合物不溶于溶剂，形成沉淀析出，因而又称沉淀聚合（Precipitation polymerization）。

共聚物组成的测定是利用共聚物中酸酐（Anhydride）基团与碱发生反应，过量的碱用 HCl 溶液滴定，这样可求得共聚物的组成。反应方程式如下：

顺丁烯二酸酐含量测定时的反应方程式

四、仪器药品

1. 仪器：四口烧瓶，搅拌器，温度计，冷凝管，氮气导管，恒温水浴，具塞锥形瓶，酸式滴定管（Acid buret）。

2. 化学药品：苯乙烯，顺丁烯二酸酐，二甲苯，偶氮二异丁腈；NaOH，HCl，氯化钙水溶液 [2%（质量）]，无纺布（Nonwovens），去离子水（Deionized water）。

五、操作步骤

1. 共聚物的合成

（1）在 250mL 四口瓶上装上温度计、搅拌器、球形冷凝管及氮气导管。

（2）将 100mL 二甲苯、5.9g 顺丁烯二酸酐加入四口瓶中，加热并搅拌，升温至 50℃，待顺丁烯二酸酐全部溶解后冷却至室温。

（3）加入苯乙烯 6.2g 和偶氮二异丁腈 0.020～0.025g，通氮气 10min，然后加热至 70℃。

（4）反应过程中注意观察现象，反应物变稠搅拌困难时，降低反应温度停止反应（约 1h），完全冷却后，用布氏漏斗（Buchner funnel）过滤（Filter），滤液（Filtrate）倒入废液回收瓶。

（5）滤饼置于 1000mL 大烧杯中，用水洗涤至 pH=7，最后一次洗涤采用 60℃蒸馏水，布氏漏斗（Buchner funnel）过滤，滤饼在 60℃真空烘箱中烘干，计算产率。

2. 共聚物组成的测定

（1）在两只 250mL 锥形瓶中，分别称取经过研细的共聚产物 m（约 0.5g），精确至 1mg，用移液管（Transfer pipette）各加入 20mL 0.5mol/L 的 NaOH 溶液。

（2）在锥形瓶上装上回流冷凝管，在沸水浴上加热，待物料完全反应成无色透明后，用少量蒸馏水冲洗冷凝管，取下锥形瓶。

（3）样品冷却至室温后，加入酚酞指示剂（Phenolphthalein indicator）3 滴，用盐酸标准溶液滴定（Titrate）至刚好无色即为终点。

（4）平行滴定数个样品，同时做空白实验。按公式计算共聚物中顺丁烯二酸酐含量。

$$W_{顺}\% = \frac{98.06 \times (NV_{空} - NV_{样})}{2000m} \times 100\%$$

式中　$W_{顺}\%$——顺丁二酸酐含量，%；

　　　m——样品质量，g；

　　　N——HCl 浓度，mol/L；

　　　$V_{空}$——空白样品所消耗的 HCl 用量，mL；

　　　$V_{样}$——样品所消耗的 HCl 用量，mL。

六、说明及注意事项

1. 反应瓶应干燥，不能有水，否则实验易失败。

2. 聚合反应过程中要严格控制反应温度，避免反应放热而引起冲料或者爆聚。

3. 为了提高产率可以在反应后期（大量沉淀生成）升高温度至 80℃，使反应完全。

4. 由于所用溶剂有毒，反应结束后，一定要等反应产物温度降到室温后再进行，过滤尽可能在通风橱（Fuming cupboard）内完成。

5. 滴定过程中由于共聚物与氢氧化钠的反应是高分子化学反应，其反应特点是反应速度慢，反应不完全，因此滴定之前需加热，一定要确保聚合物完全溶解。

七、思考题

1. 合成苯乙烯-顺丁烯二酸酐共聚物及测定该共聚物组成的基本原理是什么？

2. 对所得共聚物的产率及共聚物组成的实验值与计算值进行比较，请分析生成误差的可能原因？

【实验题目 4】 聚乙烯醇（Polyvinyl alcohol）缩甲醛的制备

一、实验目的

了解聚乙烯醇缩醛化（Acetalation）反应的原理，并制备 107 胶水。

二、操作要点及相关知识预习

1. 操作要点：聚乙烯醇的溶解。

2. 相关知识预习：高分子的化学反应；多元醇（Polyol）与醛（Aldehyde）的反应原理。

三、实验原理

聚乙烯醇（PVA）是一种水溶性聚合物，其耐水性很差，因而限制了其应用，比如用于胶黏剂（Adhesive）、涂料（Coating）和塑料（Plastics）。利用"缩醛化（Acetalation）"

技术可以控制其水溶性，使其具有了较大的实际应用价值，如以 PVA 缩醛化技术制备维尼纶（Vinylon）纤维的 PVF 的缩醛度一般控制在 35％左右，它不溶于水，是一种性能优良的合成纤维，又称为合成棉花；用丁醛进行缩醛化的聚乙烯醇缩丁醛（PVB）具有很强的粘接能力，可粘接各种材料，也有"万能胶（Universal glue）"之称。

本实验是合成一种水溶性（Water-soluble）的 PVF 胶水，可用于建筑行业，俗称 107 胶水；日常使用的透明胶水（Transparent glue）重要成分也是 PVF，其合成原理如下所示：

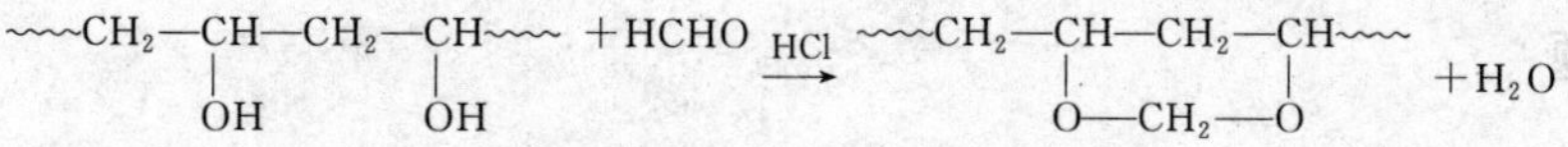

聚乙烯醇缩甲醛的合成反应式

其反应机理如下：

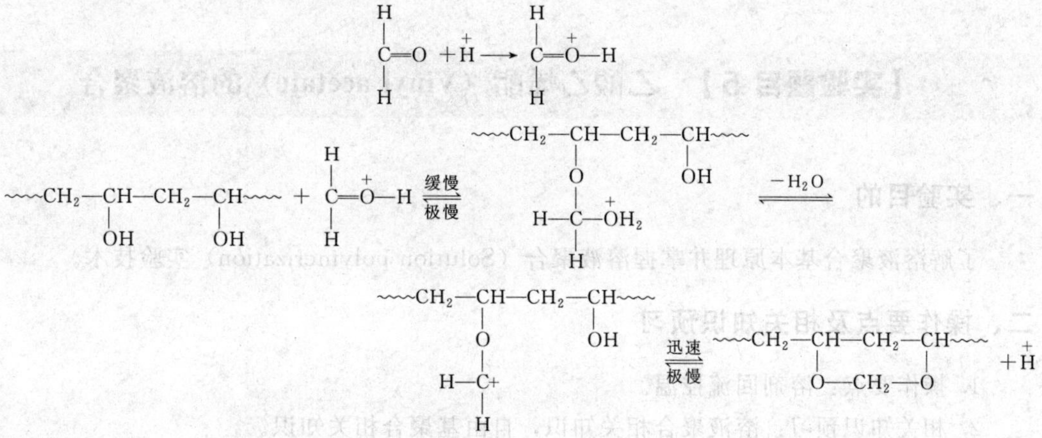

聚乙烯醇缩甲醛的合成反应机理

四、仪器药品

1. 仪器：四口烧瓶，搅拌器，温度计，冷凝管，恒温水浴。
2. 化学药品：聚乙烯醇，甲醛，盐酸。

五、操作步骤

1. 在装上温度计、搅拌器、球形冷凝管的 250mL 三口瓶中加入 7g PVA、100mL 水，在搅拌状态下升温至 95℃使 PVA 完全溶解。

2. 降温至 90℃左右，加入 1∶4 的 HCl 溶液 0.5mL，调节体系的 pH 为 1～3，再加入 3mL 甲醛水溶液（37％），体系温度控制在 90℃，反应 60min。

3. 加入 1.5mL 8％NaOH 溶液，调节 pH 为 8～9，然后冷却出料可获得无色透明黏稠的液体，即为 107 胶水。

六、说明及注意事项

1. PVA 溶解时一定要升温到 90℃以上，保温一段时间，确保 PVA 完全溶解。
2. 本实验是合成水溶性聚乙烯醇缩甲醛胶水。反应过程中必须控制较低的缩醛度，使产物保持水溶性，这可以通过投料比来控制。如若反应过于猛烈，则会造成局部缩醛度过高，导致不溶性产物出现，影响胶水质量。因此在反应过程中要严格控制催化剂用量、反应温度、反应物配比，特别是反应温度，防止过热。反应过程中要求搅拌均匀，体系变稠出现气泡或者有絮状物出现应马上加入 NaOH 溶液，中止反应。

3. 工业上生产时，为了控制产品中游离甲醛（Free formaldehyde）含量，常在反应结束后调节 pH 为 7～8 后加入少量尿素（Carbamide），产生脲醛化（Urea formaldehyde）反应。

七、思考题

1. 试讨论缩醛反应的机理及催化剂作用？
2. 为什么缩醛度增加，水溶性下降，当达到一定的缩醛度之后产物完全不溶于水？
3. 为什么最终把反应体系 pH 调到 8～9？讨论缩醛产物对酸和碱的稳定性？

【实验题目 5】 乙酸乙烯酯（Vinyl acetate）的溶液聚合

一、实验目的

了解溶液聚合基本原理并掌握溶液聚合（Solution polymerization）实验技术。

二、操作要点及相关知识预习

1. 操作要点：溶剂回流控温。
2. 相关知识预习：溶液聚合相关知识，自由基聚合相关知识。

三、实验原理

聚乙酸乙烯酯（Polyvinyl acetate）是由单体乙酸乙烯酯在引发剂［过氧化物（Peroxide）、偶氮化物或光照］引发下聚合而得。根据反应条件，如反应温度、引发剂浓度和溶剂的不同，可以得到分子量从几千到十几万的聚合物，聚合方法有本体、溶液或乳液聚合等方式。这几种聚合方法在工业上都有应用，采用何种聚合方法取决于产物的用途，如作涂料或胶黏剂（Adhesives）时，可以采用乳液聚合（Emulsion polymerization）或者溶液聚合；作热熔胶（Hot melt adhesive）时可以采用本体聚合或者溶液聚合。本实验采用溶液聚合方法进行。

乙酸乙烯酯的溶液聚合就是将引发剂、单体溶解在溶剂中形成均相体系（Homogeneous system），然后加热（Heating）或者光照（Illuminating）引发聚合。在聚合过程中通过溶剂的回流带走热量，使聚合温度保持平稳。聚合反应方程式如下：

乙酸乙烯酯聚合反应方程式

四、仪器药品

1. 仪器：四口烧瓶，搅拌器，温度计，冷凝管，氮气导管，恒温水浴。
2. 化学药品：乙醇，乙酸乙烯酯，偶氮二异丁腈。

五、操作步骤

1. 在装有搅拌器、冷凝管、温度计和氮气导管的 250mL 四口瓶中加入 50mL 乙酸乙烯酯、0.25g 偶氮二异丁腈、25mL 乙醇，开动搅拌使固体物完全溶解；

2. 通氮气，水浴加热至瓶内物料回流（瓶内温度大约 70～78℃），反应 1.5h，得到透明的黏状物，再加入乙醇 70mL，保持回流 0.5h，冷却后出料。

3. 称取 3～4g 聚合好的溶液在通风橱内用红外灯（Infrared lamp）加热，使大部分溶剂挥发，然后转入真空烘箱中 80℃烘干至聚合物重量不再变化，计算转化率（Conversion rate）。

六、说明及注意事项

1. 第二步反应回流 1.5h 时，如果体系黏度（Viscosity）比较大，可以提前补加乙醇。
2. 第二步反应结束后一定要等到反应物完全冷却后再进行第三步反应，进行第三步反应，称量时速度要快，防止乙醇挥发影响测量结果。

七、思考题

1. 为什么溶剂乙醇在实验过程中分两步加入？
2. 如果反应采用过氧化苯甲酰（Benzoyl peroxide）做引发剂会有什么结果，原因是什么？

【实验题目6】 压敏胶（Pressure-sensitive adhesive）的制备（乳液聚合）

一、实验目的

了解乳液聚合（Emulsion polymerization）原理，熟悉压敏胶的制备。

二、操作要点及相关知识预习

1. 操作要点：温度与搅拌速度控制。
2. 相关知识预习：乳液聚合相关知识；压敏胶的相关知识。

三、实验原理

压敏胶是一类无需借助于溶剂或热，只需施加轻度指压即能与被粘物牢固结合的胶黏剂，主要用于制造压敏黏胶带（Pressure sensitive tape）、胶黏片（Adhesive film）和压敏标签（Pressure-sensitive label），俗称不干胶（Adhesive sticker）。由于使用方便，揭开后一般又不影响被黏物表面，因而用途十分广泛。压敏胶一般采用橡胶（Rubber）和聚丙烯酸酯（Polyacrylic ester）为主要黏结材料，丙烯酸酯（Acrylic ester）乳液相比橡胶压敏胶而言，具有很多优点：①不需要添加增黏树脂（Tackifying resin）、增塑剂（Plasticizer）等组分，且一般是单组分，无相分离（Phase separation）和迁移（Migrate）现象；②不需加入防老剂（Antiager），具有优良的耐候性和耐热性；③透明性好、耐油性好；④对皮肤无影响，适用于制备医用黏结带（Medical adhesive belt）；⑤生产和使用无溶剂释放，符合环保要求。综上所述，乳液压敏胶使用前景极为广泛。

四、仪器药品

1. 仪器：四口烧瓶，搅拌器，温度计，冷凝管，氮气导管，恒温水浴。
2. 化学药品：甲基丙烯酸甲酯（Methyl methacrylate），丙烯酸丁酯（Butyl acrylate），过硫酸铵（Ammonium persulfate），OP-10，十二烷基硫酸钠（Lauryl sodium sulfate），氨水（Ammonia water），pH试纸（pH test paper）。

五、操作步骤

1. 在装有搅拌器、冷凝管、温度计和氮气导管（Nitrogen catheter）的250mL四口瓶中加入十二烷基硫酸钠1g，2g OP-10，水120mL，开动搅拌使物料混合均匀。
2. 称取过硫酸铵1.2g，溶解在20mL水中配制成引发剂溶液备用；量取丙烯酸丁酯40mL，甲基丙烯酸甲酯7mL，丙烯酸3mL，在烧杯中混合均匀，配制成单体混合液备用。
3. 种子乳液聚合（Seeded emulsion polymerization）：取1/4单体混合液（12.5mL），加入四口瓶中通氮气，开动搅拌，升高温度至75℃，然后加入引发剂溶液，保持温度75℃反应1h。
4. 将剩余3/4单体混合液，加入滴液漏斗，慢慢滴加到四口瓶中，1.5h滴完，然后升高反应温度至80℃，保温0.5h，然后冷却到室温。
5. 冷却到室温的物料在搅拌作用下用氨水调节pH＝7～8。

六、说明及注意事项

1. 种子乳液聚合时一定要反应到四口瓶中不产生回流为止。
2. 剩余单体滴加过程中，尽可能在规定时间内均匀滴加。
3. 严格控制反应搅拌速度，否则物料乳化不完全。

七、思考题

1. 反应采用分步滴加（Step dropping）单体的方法有什么优点？
2. 如果反应配方中增加甲基丙烯酸甲酯用量对压敏胶性能有什么影响？
3. 氨水调节pH后，体系状态有什么变化，原理是什么？

【实验题目7】　苯乙烯的悬浮聚合——离子交换树脂（Ion exchange resin）的制备

一、实验目的

1. 熟悉悬浮聚合（Suspension polymerization）方法。

2. 通过对聚合物的磺化反应（Sulfonation reaction），了解高分子化学反应的一般概念。

3. 掌握离子交换树脂的净化（Purification）和交换当量（Ion exchange capacity）的测定。

二、操作要点及相关知识预习

1. 操作要点：温度控制、聚合搅拌速度控制。

2. 相关知识预习：交联高聚物、悬浮聚合、高分子反应和离子交换树脂相关知识。

三、实验原理

首先采用悬浮聚合法制取苯乙烯-二乙烯基苯珠状聚合物（Bead polymer）［俗称白球（White ball）］，然后用浓硫酸磺化成强酸性阳离子交换树脂（Cation exchange resin），为了使磺化深入白球内部，磺化前用二氯乙烷（Dichloroethane）使白球溶胀（Swelling），聚合与磺化原理如下：

苯乙烯悬浮聚合的反应方程式

白球的磺化反应方程式

离子交换树脂是一种具有离解能力的高聚物，这种高聚物一般呈网状结构，因此在溶剂中不能溶解，当它与溶液接触时，高聚物上的可离解基团（功能团）能和溶液中的离子起交换反应，从而达到交换溶液中离子的能力。

$$M-SO_3^-H^+ + Na^+Cl^- \longrightarrow M-SO_3^-Na^+ + H^+Cl^-$$

$$M-\overset{\underset{\displaystyle CH_3}{|}}{\underset{\underset{\displaystyle CH_3}{|}}{N^+}}-CH_3 \ OH^- + Na^+Cl^- \longrightarrow M-\overset{\underset{\displaystyle CH_3}{|}}{\underset{\underset{\displaystyle CH_3}{|}}{N^+}}-CH_3 \ Cl^- + Na^+OH^-$$

离子交换树脂的交换机理

（M 代表离子交换树脂骨架）

离子交换树脂的性能指标（Index）中最重要的一项是交换当量（Ion exchange capacity），它是表征交换离子能力大小的一项指标。一种是1g干树脂能交换离子的毫摩尔数叫交换当量，单位 mmol/g；另一种是1mL树脂能交换的毫摩尔数叫体积交换当量（Exchange of equivalent volume），单位 mmol/mL。交换当量的测定方法可用动态法（Dynamic method）和静态法（Static method）来测定。动态法就是将树脂装在交换柱中用一定流速的溶液流过，测定交换离子的数量；静态法则用浸泡的方法测定交换的离子（Ion）数量，本次试验采用静态法测定交换当量。

四、仪器药品

1. 仪器（Apparatus）：四口烧瓶（Four Mouth Flask），搅拌器（Stirrer），温度计

(Thermometer)，冷凝管 （Condenser），氮气导管，恒温水浴 （Thermostatic waterbath），具塞锥形瓶 （Conical flask with cover），酸式滴定管 （Acid buret）。

2. 化学药品 （Chemicals）：苯乙烯 （Styrene），二乙烯基苯 （Divinyl benzene），浓硫酸 （Concentrated sulfuric acid），聚乙烯醇 （Polyvinyl alcohol），过氧化苯甲酰 （BPO），二氯乙烷 （Dichloroethane），氯化钠 （Sodium chloride），硫酸银 （Silver sulfate）。

五、操作步骤

1. 苯乙烯-二乙烯苯的悬浮聚合 （白球的合成）

在装有搅拌器、温度计和回流冷凝管的 250mL 三口瓶内，加入 120mL 蒸馏水和 0.5g 聚乙烯醇 （或者加入 10% 聚乙烯醇水溶液 5mL），开动搅拌升温至 90℃ 以上使聚乙烯醇全部溶解，停止搅拌，稍冷 （70℃） 后加入含有引发剂的单体混合溶液 （20g 苯乙烯，3.5g 二乙烯苯，0.25g 过氧化苯甲酰），开动搅拌，控制一定的搅拌速度使单体分散成一定大小的珠子，迅速升温至 80～85℃，反应 2h。这时珠子已向下沉 （如果没有珠子出现需要继续保温），可升温 95℃ 约 0.5h 使珠子进一步硬化。反应结束后，倾出上层液体，用 80～85℃ 热水洗涤几次，再用冷水洗几次，然后过滤、干燥、称重，计算产率。

2. 白球的磺化 （Sulfonation）

在三口瓶内放入上述反应得到的珠子 10～15g，加入 60mL 二氯乙烷，在 60℃ 条件下溶胀 0.5h，然后升温到 70℃，加入 0.5g 硫酸银 （Silver sulfate） 固体 （作催化剂），逐渐滴加浓硫酸 100mL，滴加速度要慢，加完后升温到 80℃ 继续反应 2～3h，磺化结束。用砂芯漏斗 （Sand core funnel） 过滤掉滤液，将磺化产物倒入 500mL 烧杯，加入 25～30mL 70% 硫酸，在搅拌下逐渐滴加 150～200mL 蒸馏水稀释，注意控制温度不要超过 35℃，放置 0.5h 后珠子内部酸度达到平衡，再用 20mL 丙酮洗涤两次，最后用大量水洗涤到滤液无酸性，过滤抽干。

六、说明及注意事项

1. 滴加浓硫酸时搅拌速度不要过快，以免打碎珠子。
2. 二氯乙烷溶胀时，搅拌不要过快，以免珠子变形。
3. 磺化时温度不宜太高。

七、思考题

1. 在苯乙烯-二乙烯苯的悬浮聚合反应体系中，各组分例如苯乙烯、二乙烯基苯、乙烯醇、过氧化苯甲酰分别起什么作用？
2. 进行悬浮聚合时，防止珠粒之间团聚结块的主要措施有哪些？

【实验题目 8】 丙烯酰胺水凝胶的制备

一、实验目的

了解聚丙烯酰胺 （Polyacrylamide） 水凝胶及其交联机理。

二、操作要点及相关知识预习

1. 操作要点：投料比及反应温度控制。
2. 相关知识预习：交联高聚物、水凝胶（Hydrogel）相关知识。

三、实验原理

具有交联结构的水溶性高分子中引入一部分疏水基团而形成能遇水膨胀（Swell）的交联聚合物，是一种高分子网络体系，性质柔软，能保持一定的形状，能吸收大量的水。凡是水溶性或亲水性（Hydrophilic）的高分子，通过一定的化学交联或物理交联，都可以形成水凝胶。

作为一种高吸水高保水材料，水凝胶被广泛用于多种领域，如干旱地区的抗旱，农用薄膜（Agricultural film）、建筑中的结露防止剂（Condensation-preventing agent）、调湿剂（Humidity agent）、石油化工中的堵水调剂（Water plugging agent），原油（Crude oil）或成品油（Petroleum products）的脱水剂，在矿业中的抑尘剂（Dust-depressor），食品中的保鲜剂（Preservative）、增稠剂（Thickening agent），医疗中的药物载体（Drug carrier）等，具有广泛的应用前景。

聚丙烯酰胺是一种非常常见的水溶性高分子，其聚合过程中加入一定量的交联剂可以形成水凝胶，通过控制交联剂的用量可制备不同交联密度（Crosslinking density）、机械强度（Mechanical strength）和吸水率（Water absorption）的水凝胶，其合成原理如下：

水凝胶的制备反应方程式

四、仪器药品

1. 仪器：试管（Test tube）、恒温水浴锅（Thermostat water bath）。
2. 化学药品：丙烯酰胺（AM），N,N'-亚甲基双丙烯酰胺（Bis），过硫化钾（KPS），去离子水。

五、操作步骤

1. 称取丙烯酰胺 1.5g、N,N'-亚甲基双丙烯酰胺 0.1g，过硫酸钾 0.1g 混合放入试管中。
2. 加入 5mL 蒸馏水使固体物质完全溶解，然后通氮气 5min。
3. 把试管置于水浴锅中旋转加热（Rotary heating），使其受热均匀，待管内液体不能流动时停止加热。

4. 取出凝胶，结束反应。

六、说明及注意事项

1. 水浴温度保持在 70℃左右，温度不可过高，防止反应过快。
2. 加热时试管口不要对准人，防止管内物料爆聚时从管口喷出。

七、思考题

1. 交联度（Degree of crosslinking）与什么用量有关？
2. 水凝胶有哪些用途？

【实验题目9】 苯乙烯（Styrene）的原子转移自由基聚合（Atom transfer radical polymerization）

一、实验目的

1. 熟悉 ATRP 原理及其实验方法。
2. 制备分子量单分散（Monodisperse）的聚苯乙烯（Polystyrene）。

二、操作要点及相关知识预习

1. 操作要点：通氮气（Nitrogen）、密封加热（Seal heating）操作。
2. 相关知识预习：活性聚合（Active polymerization）、原子转移自由基聚合相关知识。

三、实验原理

活性聚合具有无终止（No termination）、无转移（No transfer）、引发速率（Rate of initiation）远远大于链增长速率（Chain growth rate）等特点，是实现分子设计、合成具有特定结构和性能聚合物的重要手段。自由基聚合具有反应条件温和、适用单体广泛、合成工艺多样、操作简便、工业化成本低等优点。但是，自由基聚合存在与活性聚合相矛盾的基元反应（Elementary reaction）或副反应（Side reaction），例如自由基的偶合（Coupling）、歧化（Disproportionation）、转移（Transfer）反应等，使聚合过程难以控制。因此，自由基的活性聚合或可控聚合一直是研究者努力探索的课题。

原子转移自由基聚合（ATRP）是一种较为成熟的自由基活性聚合方式，以简单的有机卤化物（Organic halide）为引发剂、过渡金属配合物（Transition metal complexes）为卤原子载体，通过氧化还原（Oxidation and reduction）反应，在活性种（Reactive species）与休眠种（Dormant species）之间建立可逆的动态平衡（Dynamic balance），实现了对聚合反应的控制，其反应机理如下。

链引发：

$$R\text{-}X + Mt^n \rightleftharpoons R^{\cdot} + Mt^{n+1}X$$
$$R\text{-}M\text{-}X + Mt^n \rightleftharpoons R\text{-}M^{\cdot} + Mt^{n+1}X$$

链增长：

$$R\text{-}M_n\text{-}X + Mt^n \rightleftharpoons \underset{\underset{kp}{(+M)}}{M_n^{\bullet}} + Mt^{n+1}X$$

活性自由基聚合反应机理

R-X 为卤代烷；Mt^n、Mt^{n+1} 分别为还原态（Reduced state）和氧化态（Oxidation state）的过渡金属化合物，通常为 CuX（Br 或 Cl）；$R\text{-}M_n\text{-}X$ 为聚合物卤化物；$R\text{-}M^{\bullet}$ 为其失去卤原子所对应的自由基。$R\text{-}M_n\text{-}X$ 可与 Mt^n 进行原子转移反应，生成具有引发活性的自由基 $R\text{-}M_n^{\bullet}$（活性种），$R\text{-}M_n^{\bullet}$ 可以进行链增长生成新的自由基 $R\text{-}M_{n+1}^{\bullet}$，也可以与 Mt^{n+1} X 形成相应的卤化物（休眠种），卤化物则不能与单体发生反应。

四、仪器药品

1. 仪器：单口烧瓶（Single-necked flask），磁力搅拌器（Magnetic stirrer），温度计（Thermometer），氮气导管（Nitrogen conduit），恒温水浴（Thermostatic waterbath）。

2. 化学药品：苯乙烯（St），α-溴代丙酸乙酯（Ethyl α-bromopropionate）（EPN-Br），二吡啶（Bipyridine）（bpy），氯化亚铜（Cuprous chloride）。

五、操作步骤

1. 室温下在 100mL 单口烧瓶中依次加入 10mmol 的配位剂（bpy），5mmol 催化剂（CuCl），5mmol 的引发剂（EPN-Br），加入 500mmol 单体 St，磁力搅拌作用下使之充分混合；持续通入高纯氮 30min，然后密封；在 85℃ 水浴中反应 2h，取出单口烧瓶自然冷却。

2. 向反应烧瓶中加入 20mL THF 溶剂，然后将溶液通过装有氧化铝（Alumina）粉末的玻璃柱过滤，以除去反应体系中残留的 CuCl，滤液呈亮黄色；再将滤液滴加入大量的甲醇与水混合介质中沉淀过滤，反复操作 3 次，最终产物经真空干燥后称重，计算产率（Yield）。

六、说明及注意事项

1. 水浴温度保持在 70℃ 左右，温度不可过高，防止反应过快。
2. 加热时试管口不要对准人，防止管内物料爆聚时从管口喷出。

七、思考题

1. ATRP 聚合产物的分子量及分布有什么特点，如何控制聚合产物分子量？
2. 聚合产物的理论分子量（The theoretical molecular weight）与反应时间有没有关系？

【实验题目 10】 双酚 A 环氧胶（Epoxy resin）的制备

一、实验目的

1. 深入了解逐步聚合的基本原理。
2. 熟悉双酚 A 型环氧树脂（Epoxy resin）的实验室制法。

3. 掌握环氧值的测定方法。

二、操作要点及相关知识预习

1. 操作要点：环氧值的准确测定。
2. 相关知识预习：逐步聚合（Stepwise polymerization）的基本原理。

三、实验原理

环氧树脂是指含有环氧基的聚合物，它有多种类型。工业上考虑到原料来源和产品价格等因素，最广泛应用的环氧树脂是由环氧氯丙烷（Epichlorohydrin）和双酚 A（4,4-二羟基二苯基丙烷）缩合而成的双酚 A 型环氧树脂。

环氧树脂具有良好的物理与化学性能，它对金属和非金属材料的表面具有优异的粘接性能。此外它的固化过程收缩率小，并且耐腐蚀、介电性能好、机械强度高、对大部分碱和溶剂稳定。这些优点为它开拓了广泛的用途，目前已成为最重要的合成树脂品种之一。

以双酚 A 和环氧氯丙烷为原料合成环氧树脂的反应机理属于逐步聚合，一般认为在氢氧化钠存在下不断进行开环和闭环的反应。反应方程式如下：

$$(m+2)CH_2—CH—CH_2Cl+(m+1)HO—\text{（苯环）}—C(CH_3)_2—\text{（苯环）}—OH \xrightarrow{(m+2)\ NaOH}$$

$$CH_2—CH—CH_2—[O—\text{（苯环）}—C(CH_3)_2—\text{（苯环）}—O—CH_2—CH—CH_2]_m$$

$$—O—\text{（苯环）}—C(CH_3)_2—\text{（苯环）}—O—CH_2—CH—CH_2+(m+2)NaCl+(m+2)H_2O$$

双酚 A 型环氧树脂的制备反应式

线型环氧树脂外观为黄色至青铜色的黏稠液体或脆性固体，易溶于有机溶剂中，未加固化剂的环氧树脂具有热塑性，可长期储存而不变质。其主要参数是环氧值，固化剂的用量与环氧值成正比，固化剂的用量对成品的机械加工性能影响很大，必须控制适当。环氧值是环氧树脂质量的重要指标之一，也是计算固化剂用量的依据，其定义是指 100g 树脂中含环氧基的摩尔数。分子量越高，环氧值就相应降低，一般低分子量环氧树脂的环氧值在 0.48～0.57 之间。

四、仪器药品

1. 仪器：250mL/24mm×3 标准磨口三颈烧瓶一个、300mm 球形冷凝器一支、300mm 直形冷凝器一支、滴液漏斗 60mL 一个、250mL 分液漏斗一个、100℃、200℃温度计各一支、接液管一个、250mL 具塞锥形瓶四个、100mL 量筒一个、容量瓶 100mL 一个、800mL 烧杯两个、50mL 烧杯一个、10mL 刻度吸管一支、15mL 移液管一支、50mL 碱式滴定管一支、100mL 广口试剂瓶一个、电动搅拌器一套、油浴锅（含液体石蜡）一个。

2. 化学药品：双酚 A（4,4-二羟基二苯基丙烷）、环氧氯丙烷、氢氧化钠，苯、盐酸、丙酮、乙醇、酚酞指示剂。

五、操作步骤

1. 将三颈瓶称重并记录。将双酚 A 4.2g（0.15mol）和环氧氯丙烷 42g（0.45mol）依次加入三颈瓶中，按下图 A 装好仪器。用油浴加热，搅拌下升温至 70～75℃，使双酚 A 全部溶解。

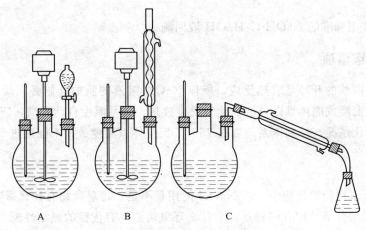

低分子量环氧树脂的聚合装置

2. 用 12g 氢氧化钠加 30mL 去离子水，配成碱液。用滴液漏斗向三颈瓶中滴加碱液，由于环氧氯丙烷开环是放热反应，所以开始必须加得很慢，以防止反应浓度过大凝成固体而难以分散。此时反应放热，体系温度自动升高，可暂时撤去油浴，使温度控制在 75℃。分液漏斗使用前应检查盖子与活塞是否原配，活塞要涂上凡士林，使用时振动摇晃几下后放气。

3. 滴加完碱液，将聚合装置改成 B 所示。在 75℃下回流 1.5h（温度不要超过 80℃），此时体系呈乳黄色。

4. 加入去离子水 45mL 和苯 90mL，搅拌均匀后倒入分液漏斗中，静止片刻。待液体分层后，分去下层水层。重复加入去离子水 30mL、苯 60mL 剧烈摇荡，静止片刻，分去水层。用 60～70℃温水洗涤两次，有机相转入图中 C 的装置中。

5. 常压下蒸馏除去未反应的环氧氯丙烷。控制蒸馏的最终温度为 120℃得淡黄色黏稠树脂。

6. 将三颈烧瓶连同树脂称重，计算产率。所的树脂倒入试剂瓶中备用。

7. 配制盐酸-丙酮溶液：将 2mL 浓盐酸溶于 80mL 丙酮中，均匀混合即成（现配现用）。

8. 配制 NaOH-C_2H_5OH 溶液：将 4g NaOH 溶于 100mL 乙醇中，用标准邻苯二甲酸氢钾溶液标定，酚酞作指示剂。

9. 环氧值的测定：取 125mL 碘瓶两只，在分析天平上各称取 1g 左右（精确到 1mg）环氧树脂，用移液管加入 25mL 盐酸丙酮溶液，加盖，摇匀使树脂完全溶解，放置阴凉处 1h，加酚酞指示剂三滴，用 NaOH-C_2H_5OH 溶液滴定。同时按上述条件做两次空白滴定。

环氧值（mol/100g 树脂）E 按下式计算：

$$E = \frac{(V_1 - V_2)N}{1000W} \times 100\% = \frac{(V_1 - V_2)N}{10W}$$

式中，V_1 为空白滴定所消耗的 NaOH 溶液，mL；V_2 为样品测试消耗的 NaOH 溶液，mL；N 为 NaOH 溶液的浓度，mol/L；W 为树脂质量，g。

相对分子质量小于 1500 的环氧树脂，其环氧值的测定用盐酸-丙酮法。（分子量高的用盐酸-吡啶法）反应式为：

$$\sim\sim CH\!-\!CH_2 + HCl \xrightarrow{\text{丙酮}} \sim\sim CH\!-\!CH_2\!-\!Cl$$

过量的 HCl 用标准的 NaOH-C_2H_5OH 液回滴。

六、说明及注意事项

由于环氧氯丙烷的开环是放热反应，所以 NaOH 溶液的滴加开始必须缓慢滴加，以防止反应浓度过高而凝成固体难以分散。此时反应放热，体系温度自动升高，应及时观察体系中温度计温度变化情况，控制体系温度在 75℃，反应体系温度最高不能超过 80℃。

七、思考题

1. 在合成环氧树脂的反应中，若 NaOH 的用量不足，将对产物有什么影响？
2. 环氧树脂的分子结构有何特点？为什么环氧树脂具有优良的黏结性能？
3. 为什么环氧树脂使用时必须加入固化剂？固化剂的种类有哪些？

【实验题目 11】 自由基共聚竞聚率（Reactivity ratio）的测定

一、实验目的

1. 加深对自由基共聚合（Copolymerization）的理解。
2. 学习自由基共聚合竞聚率的测定方法。

二、操作要点及相关知识预习

1. 操作要点：消光系数（Extinction coefficient）的准确测定。
2. 相关知识预习：竞聚率的测定方法和影响因素。

三、实验原理

由两种或两种以上单体通过共同聚合而得到的产物称为共聚物（Copolymer）。依不同单体形成的不同结构在大分子链上的排布情况（即序列结构），共聚物可分为无规共聚物（Random copolymer）、嵌段共聚物（Block copolymers）、交替共聚物（Alternating copolymer）和接枝共聚物（Grafting copolymer）四类。

共聚物在物理性质上与同种单体的均聚物有较大不同，其差异很大程度上依赖于共聚物的组成及序列结构（Sequence structure）。一般来说，无规共聚物或交替共聚物的性质在同种单体均聚物性质之间，而嵌段或接枝共聚则具有同种均聚物的性质。比例常数 r_1 和 r_2 称为竞聚率。

共聚物的组成及序列结构在很大程度上取决于参与共聚的单体的相对活性（Relative

activity）。对于常见的由两种单体 M_1 和 M_2 参与的二元自由基共聚体系，存在有 4 种增长反应：

$$\sim\sim\sim M_1 + M_1 \xrightarrow{k_{11}} \sim\sim\sim M_1 M_1^{\cdot}$$

$$\sim\sim\sim M_1 + M_2 \xrightarrow{k_{12}} \sim\sim\sim M_1 M_2^{\cdot}$$

$$\sim\sim\sim M_2 + M_2 \xrightarrow{k_{22}} \sim\sim\sim M_2 M_2^{\cdot}$$

$$\sim\sim\sim M_2 + M_1 \xrightarrow{k_{21}} \sim\sim\sim M_2 M_1^{\cdot}$$

进而可以导出共聚物中两种单体含量之比与上述 4 个速度常数（Rate constant）以及共聚单体浓度的关系式：

$$\frac{d[M_1]}{d[M_2]} = \frac{\dfrac{k_{11}}{k_{12}} \cdot \dfrac{[M_1]}{[M_2]} + 1}{1 + \dfrac{k_{22}}{k_{21}} \cdot \dfrac{[M_2]}{[M_1]}} = \frac{r_1 \cdot \dfrac{[M_1]}{[M_2]} + 1}{r_2 \cdot \dfrac{[M_2]}{[M_1]} + 1} \tag{1}$$

式中，$r_1 = k_{11}/k_{12}$，$r_2 = k_{22}/k_{21}$，定义为单体 M_1 和 M_2 的竞聚率。竞聚率是共聚合的重要参数，因为它在任何单体浓度下都支配共聚物的组成。参数 r_1 和 r_2 是独立变量（Independent variables），它们反映了任一参与共聚单体所形成的自由基同与单体对中每种单体反应的相对速率。r_1 表示自由基 $M_1 \cdot$ 对单体 M_1 及单体 M_2 反应的相对速率；r_2 表示自由基 $M_2 \cdot$ 对单体 M_2 及单体 M_1 反应的相对速率。

通过简单的数学换算，式（1）可以改写成种种更有用的形式。比如以 F 代替 $d[M_1]/d[M_2]$，并将单体 M_2 的竞聚率写成单体 M_1 的竞聚率 r_1 的函数形式，可得到方程（2）：

$$r_2 = \frac{1}{F}\left(\frac{[M_1]}{[M_2]}\right)^2 \cdot r_1 + \left(\frac{[M_1]}{[M_2]}\right)\left(\frac{1}{F} - 1\right) \tag{2}$$

据此，我们可从实验数据求出单体的竞聚率 r_1 与 r_2。式（2）中 F 以及 $[M_1]$，$[M_2]$ 都可由实验测出（在转化率很低时，单体浓度可以用投料时的浓度代替），对于每一组 F 及单体浓度值，我们都可以根据方程（2）作出一条直线。因方程（2）中 r_1 与 r_2 都是未知数，作图时需首先人为地给 r_1 规定一组数值，然后按方程（2）算出相应于各 r_1 时的 r_2，再以 r_2 对 r_1 作图，便能得出一条直线。如果在不同的共聚单体浓度下做实验，我们就能得到若干条具有不同斜率和截距的直线。这些直线在图上相交点的坐标便是两单体的真实竞聚率 r_1 和 r_2。

相似地，可将方程（2）写成方程（3）的形式：

$$\left(\frac{[M_1]}{[M_2]}\right)\left(\frac{1}{F} - 1\right) = r_2 - \frac{1}{F}\left(\frac{[M_1]}{[M_2]}\right)^2 \cdot r_1 \tag{3}$$

因此，只要由实验测得不同 $[M_1]$ 与 $[M_2]$ 时的 F 值，便可由作图法求出共聚单体的 r_1 与 r_2 值。

有许多方法可以测定共聚物中的各单体成分的含量。本试验介绍用紫外分光光度法测定共聚物组成的原理和方法。

先用两个单体的均聚物作出工作曲线。其过程是将两均聚物按不同配比溶于溶剂中制成一定浓度的高分子共混溶液，然后用紫外分光光度计（UV spectrophotometer）测定某一特定波长下的摩尔消光系数。在该波长下共混溶液的摩尔消光系数（Molar extinction coefficient），与两均聚物之摩尔消光系数 K_1 与 K_2 应有如下关系式：

$$K=\frac{x}{100}K_1+\frac{100-x}{100}K_2=K_2+\frac{K_1-K_2}{100}\cdot x \tag{4}$$

摩尔消光系数为 K_1 的均聚物在共混物中的摩尔百分含量以 $x/100$ 表示，另一均聚物的百分含量为 $(100-x)/100$，其摩尔消光系数为 K_2。由含不同 x 值得共混物的 K 值对 x 作图所得直线即为工作曲线。今假定共聚物中两单体成分的含量及摩尔消光系数的关系满足上式，则可由在相同的实验条件下测得的共聚物消光系数 K 从工作曲线上找到该共聚物的组成 x 值。

四、仪器药品

1. 仪器：试管 15nm×200nm、翻口塞、注射器各若干支，恒温水浴、紫外分光光度计各一台。

2. 化学药品：苯乙烯、甲基丙烯酸甲酯、偶氮二异丁腈、氯仿、甲醇。

五、操作步骤

1. 用紫外分光光度计测定苯乙烯和甲基丙烯酸甲酯两单体在自由基共聚合时的消光系数，制备一组配比不同的聚苯乙烯和聚甲基丙烯酸甲酯的混合物的氯仿溶液，溶液中聚合物组成单元的摩尔比如下所示：

样品	PMMA	PS	消光系数
1	0	100	
2	20	80	
3	40	60	
4	60	40	
5	70	30	
6	100	0	

用紫外分光光度计测定波长为 265nm 处的摩尔消光系数，根据测定结果作出工作曲线。

2. 取五个 15nm×200nm 试管，洗净，烘干，塞上翻口塞，再翻口塞上插入两根注射针头，一根通氮气，一根作为出气孔，将 200mg 偶氮二异丁腈溶解在 10mL 甲基丙烯酸甲酯（MMA）中作为引发剂。

用注射器在编好号码的 5 个试管中分别加入如下数量的新蒸馏的 MMA 和苯乙烯（见下表）。

用一只 1mL 注射器向每个试管中注入 1mL 引发剂溶液，将 5 支试管同时放入 80℃恒温水浴中并记录时间。从 1 号到 5 号五个试管的聚合时间分别控制为 15min、15min、30min、30min、15min。

试管号	单体 MMA/mL	单体 St/mL
1	3	16
2	7	12
3	11	8
4	13	6
5	19	0

将试管从水浴中取出，并用自来水冷却，倒入 10 倍量的甲醇中将聚合物沉淀出来。聚合物经过过滤抽干后溶于少量氯仿，再用甲醇沉淀一次，将聚合物过滤出来并放入 80℃真空烤箱中干燥至恒重。

将所得各聚合物样品制成约 10^{-3} mol/L 氯仿溶液，在 265nm 波长下测定溶液的吸光度 K，对照工作曲线求出各聚合物的组成，然后按照公式(2)或式(3)用作图法求 r_1 与 r_2。

六、思考题

1. 叙述测定竞聚率的各种方法并对照它们的优缺点。

2. 苯乙烯与甲基丙烯酸甲酯在自由基共聚合与离子型共聚合中表现出不同的竞聚率，请解释其原因？

3. 为什么某些不能均聚的物质能参加共聚合？

4. 简略讨论两种可用于测定共聚物组成的方法。

高分子物理实验

（Experiments of Polymer Physics）

【实验题目1】 聚合物材料冲击强度（Impact strength）的测定

一、实验目的

1. 了解高分子材料的抗冲击性能（Impact properties）。
2. 掌握冲击强度的测试方法和摆锤式冲击试验机（Impact testing machine）的使用方法。

二、操作要点及相关知识预习

1. 样品的制备。
2. 聚合物的冲击强度与其结构的关系。

三、实验原理

冲击强度是衡量材料韧性的一种强度指标，表征材料抵抗冲击载荷（Impact load）破坏的能力。通常定义为试样受冲击载荷而折断时单位面积所吸收的能量。

$$\alpha = [A/(bd)] \times 10^3$$

式中，α 为冲击强度，J/cm^2；A 为冲断试样所消耗的功（Power），J；b 为试样宽度（Specimen width），mm；d 为试样厚度（Thickness of the sample），mm。

冲击强度的测试方法很多，应用较广的有以下 3 种测试方法：摆锤式（Pendulum）冲击试验；落球法（Falling-ball method）冲击试验；高速拉伸（High-speed stretch）试验。

本实验采用摆锤式冲击试验法。摆锤冲击试验，是将标准试样放在冲击机（Impact testing machine）规定的位置上，然后让重锤自由落下冲击试样，测量摆锤冲断试样所消耗的功，根据上述公式计算试样的冲击强度（Impact strength）。摆锤冲击试验机的基本构造有 3 部分：机架部分、摆锤冲击部分和指示系统部分。根据试样的安放方式，摆锤式冲击试验又分为简支梁型（Charpy 法）和悬臂梁型。前者试样两端固定，摆锤冲击试样的中部；后者试样一端固定，摆锤冲击自由端，如下所示。

试样可采用带缺口和无缺口两种。采用带缺口试样的目的是使缺口处试样的截面积大为减小，受冲击时，试样断裂一定发生在这一薄弱处，所有的冲击能量（Impact energy）都能在这局部的地方被吸收，从而提高试验的准确性。

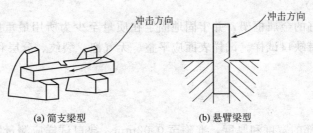

(a) 简支梁型   (b) 悬臂梁型

摆锤冲击试验中试样的安放方式

测定时的温度对冲击强度有很大影响。温度越高，分子链运动的松弛过程（Relaxation process）进行越快，冲击强度越高。相反，当温度低于脆化温度时，几乎所有的塑料都会失去抗冲击的能力。当然，结构不同的各种聚合物，其冲击强度对温度的依赖性也各不相同。湿度对有些塑料的冲击强度也有很大影响。如尼龙（Nylon）类塑料，特别是尼龙6、尼龙66等在湿度较大时，其冲击强度更主要表现为韧性（Tenacity）的大大增加，在绝干状态下几乎完全丧失冲击韧性。这是因为水分在尼龙中起着增塑剂（Plasticizer）和润滑剂（Lubricant）的作用。

试样尺寸和缺口的大小和形状对测试结果也有影响。用同一种配方，同一种成型条件而厚度不同的塑料做冲击试验时，会发现不同厚度的试样在同一跨度上做冲击试验以及相同厚度在不同跨度（Span length）上试验，其所得的冲击强度均不相同，且都不能进行比较和换算。而只有用相同厚度的试样在同一跨度上试验，其结果才能相互比较，因此在标准试验方法中规定了材料的厚度和跨度。缺口半径越小，即缺口越尖锐，则应力越易集中，冲击强度就越低。因此，同一种试样，加工的缺口尺寸和形状不同，所测得冲击强度数据也不一样。这在比较强度数据时应该注意。

四、实验仪器和材料

1. 试验机（Impact testing machine）

试验机应为摆锤式，并由摆锤、试样支座、能量指示机构和机体等主要构件组成。能指示试样破坏过程中所吸收的冲击能量。

2. 摆体（Pendulums）

摆体是试验机的核心部分，它包括旋转轴、摆杆、摆锤和冲击刀刃等部件。旋转轴心到摆锤打击中心的距离与旋转轴心至试样中心距离应一致。两者之差不应超过后者的±1%。冲击刀刃规定夹角为30°±1°。端部圆弧半径为（2.0±0.5）mm。摆锤下摆时，刀刃通过两支座间的中央偏差不得超过±0.2mm，刀刃应与试样的冲击面接触。接触线应与试样长轴线相垂直，偏差不超过±2°。

3. 试样支座（Specimen holder）

为两块安装牢固的支撑块，能使试样成水平，其偏差在1/20以内。在冲击瞬间应能使试样打击面平行于摆锤冲击刀刃，其偏差在1/200以内。支撑刃前角为5°，后角为10°±1°，端部圆弧半径为1mm。

4. 能量指示（Energy indication）机构

能量指示机构包括指示度盘和指针。应对能量度盘的摩擦、风阻损失和示值误差做准确的校正。

5. 机体 （Block）

机体为刚性良好的金属框架，并牢固地固定在质量至少为所用最重摆锤质量 40 倍的基础上。本试验采用带缺口试样。试样表面应平整、无气泡、裂纹、分层和明显杂质。试样缺口处应无毛刺。

五、操作步骤

1. 测量试样中部的宽度和厚度，准确至 0.02mm。缺口试样应测量缺口处的剩余厚度，测量时应在缺口两端各测一次，取其算术平均值。

2. 根据试样破坏时所需的能量选择摆锤，使消耗的能量在摆锤总能量的 10%～85% 范围内。（注：若符合这一能量范围的不止一个摆锤时，应该用最大能量的摆锤。）

3. 调节能量度盘指针零点，使它在摆锤处于起始位置时与主动针接触。进行空击试验，保证总摩擦损失不超过相应的数值。

4. 抬起并锁住摆锤，把试样按规定放置在两支撑块上，试样支撑面紧贴在支撑块上，使冲击刀刃对准试样中心，缺口试样刀刃对准缺口背向的中心位置。

5. 平稳释放摆锤，从度盘上读取试样吸收的冲击能量。

6. 试样无破坏的冲击值应不作取值。试样完全破坏或部分破坏的可以取值。

7. 如果同种材料可以观察到一种以上的破坏类型，须在报告中标明每种破坏类型的平均冲击值和试样破坏的百分数。不同破坏类型的结果不能进行比较。

8. 缺口试样简支梁冲击强度 a_k（kJ/m^2），按下式计算：

$$a_k = \frac{A}{bd} \times 10^3$$

式中　A——缺口试样吸收的冲击能量，J；

　　　b——试样宽度，mm；

　　　d——缺口试样缺口处剩余厚度，mm。

六、注意事项

1. 试验过程中注意安全。在做空击和冲击试验过程中，其他人应远离冲击试验机。

2. 试样冲断后应及时捡回并观察断裂情况是否符合要求。

3. 试样无破坏的冲击值应不作取值。试样完全破坏或部分破坏的可以取值。

七、思考题

1. 影响高分子材料冲击强度测试值的因素有哪些？

2. 高分子材料冲击强度测试方法有哪些，各有什么不同？

【实验题目 2】　聚合物拉伸强度（Tensile strength）和断裂伸长率（Elongation at break）的测定

一、实验目的

1. 通过实验了解聚合物材料拉伸强度及断裂伸长率的意义，熟悉它们的测试方法。

2. 通过测试应力-应变曲线（Stress-strain curve）来判断不同聚合物材料的力学性能（Mechanical properties）。

二、操作要点及相关知识预习

1. 样品的制备。
2. 预习聚合物的力学性能方面的知识。

三、实验原理

为了评价聚合物材料的力学性能，通常用等速施力下所获得的应力-应变曲线来进行描述。这里，所谓应力是指拉伸力引起的在试样内部单位截面上产生的内力；而应变是指试样在外力作用下发生形变时，相对其原尺寸的相对形变量。不同种类聚合物有不同的应力-应变曲线。

等速条件下，无定形聚合物（Amorphous polymer）典型的应力-应变曲线如图 1 所示。图中的 a 点为弹性极限，σ_a 为弹性（比例）极限强度，εt 为弹性极限伸长。在 a 点前，应力-应变服从虎克定律（Hooke's law）：$\sigma = E\varepsilon$。曲线的斜率 E 称为弹性（杨氏）模量，它反映材料的硬性。y 称屈服点，对应的 σ_y' 和 E_y' 称屈服强度和屈服伸长。材料屈服后，可在 t 点处，也可在 t' 点处断裂。因而视情况，材料断裂强度可大于或小于屈服强度。ε_t（或 ε_t'）称断裂伸长率，反映材料的延伸性。

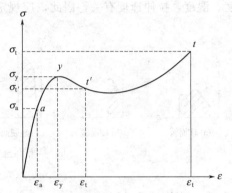

图 1　无定形聚合物的应力-应变曲线

从曲线的形状以及 σ_t 和 ε_t 的大小。可以看出材料的性能，并借以判断它的应用范围。如从 σ_t 的大小，可以判断材料的强与弱；而从 ε_t 的大小，更正确地讲是从曲线下的面积大小，可判断材料的脆性与韧性。从微观结构看，在外力的作用下，聚合物产生大分子链的运动，包括分子内的键长、键角变化，分子链段的运动，以及分子间的相对位移。沿力方向的整体运动（伸长）是通过上述各种运动来达到的。由键长、键角产生的形变较小［普弹形变（Ordinary elastic deformation）］，而链段运动和分子间的相对位移［塑性流动（Plastic flow）］产生的形变较大。材料在拉伸到破坏时，链段运动或分子位移基本上仍不能发生，或只是很小，此时材料就脆。若达到一定负荷，可以克服链段运动及分子位移所需要的能量，这些运动就能发生，形变就大，材料就韧。如果要使材料产生链段运动及分子位移所需要的负荷较大，材料就较强及硬。

结晶型聚合物的应力-应变曲线与无定形聚合物的曲线是有差异的，它的典型曲线如图 2 所示。微晶在 c 点以后将出现取向或熔解，然后沿力场方向进行重排或重结晶，故 σ_c 称重结晶强度（Recrystallization strength），它同时也是材料"屈服"的反映。从宏观

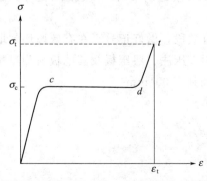

图 2　结晶型聚合物的应力-应变曲线

上看，材料在 c 点将出现细颈，随着拉伸的进行，细颈不断发展，至 d 点细颈发展完全，然后应力继续增大至 t 点时，材料就断裂。对于结晶型聚合物，当结晶度非常高时（尤其当晶相为大的球晶时），会出现聚合物脆性断裂的特征。总之，当聚合物的结晶度增加时，模量将增加，屈服强度和断裂强度也增加，但屈服形变和断裂形变却减小。聚合物晶相的形态和尺寸对材料的性能影响也很大。同样的结晶度，如果晶相是由很大的球晶组成，则材料表现出低强度、高脆性倾向。如果晶相是由很多的微晶组成，则材料的性能有相反的特征。

另外，聚合物分子链间的化学交联对材料的力学性能也有很大的影响，这是因为有化学交联时，聚合物分子链之间不可能发生滑移，黏流态消失。当交联密度增加时，对于 T_g 以上的橡胶态聚合物来说，其抗张强度增加，模量增加，断裂伸长率下降。交联度很高时，聚合物成为三维网状链的刚硬结构。因此，只有在适当的交联度时抗张强度才有最大值。综上所述，材料的组成、化学结构及聚态结构都会对应力与应变产生影响。归纳各种不同类型聚合物的应力-应变线，主要有以下 5 种类型，如图 3 所示。应力-应变实验所得的数据也与温度、湿度、拉伸速度有关，因此，应规定一定的测试条件。

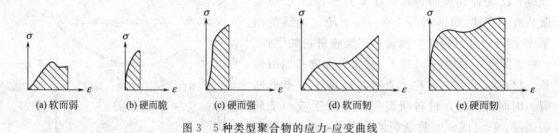

图 3　5 种类型聚合物的应力-应变曲线

四、实验仪器和材料

采用 RGT-10 型微电子拉力机。最大测量负荷 10kN，速度（Speed）$0.011\sim500$mm/min，试验类型有拉伸、压缩、弯曲等。

拉伸实验中所用的试样依据不同材料可按国家标准（National standard）GB 1040—1992 加工成不同形状和尺寸。每组试样应不少于 5 个。试验前，需对试样的外观进行检查，试样应表面平整（Smooth），无气泡（No air bubble）、裂纹（Crack）、分层（Delamination）和机械损伤（Mechanical damage）等缺陷。另外，为了减小环境对试样性能的影响，应在测试前将试样在测试环境中放置一定时间，使试样与测试环境达到平衡。一般试样越厚，放置时间应越长，具体按国家标准规定。

取合格的试样进行编号，在试样中部量出 10cm 为有效段，做好记号。在有效段均匀取 3 点，测量试样的宽度和厚度，取算术平均值。对于压制、压注、层压板及其他板材测量精确到 0.05mm；软片测量精确到 0.01mm；薄膜测量精确到 0.001mm。

五、操作步骤

1. 接通试验机电源，预热 15min。

2. 打开电脑，进入应用程序。

3. 选择试验方式，即拉伸方式（Tensile mode），将相应的参数按对话框要求输入，注意拉伸速度（Tensile speed）应为使试样能在 $0.5\sim5$min 试验时间内断裂的最低速度。本实验试样为 PET 薄膜（Thin film），可采用 100mm/min 的速度。

4. 按上、下键将上下夹具的距离调整到 10cm。并调整自动定位螺丝。将距离固定。记录试样的初始标线间的有效距离。

5. 将样品在上下夹具上夹牢。夹试样时，应使试样的中心线与上下夹具中心线一致。

6. 在电脑的本程序界面上将载荷和位移同时清零后，按开始按钮，此时电脑自动画出载荷-变形曲线（Load-deflection curves）。

7. 试样断裂时，拉伸自动停止。记录试样断裂时标线间的有效距离。

8. 重复 $3\sim7$ 操作。测量下一个试样。

9. 测量实验结束，由"文件"菜单下点击"输出报告"，在出现的对话框中选择"输出到 EXCEL"。然后保存该报告。

六、说明及注意事项

1. 试样类型、试验速度（Testing speed）均应按规定选取。

2. 每组试样至少取五个。

3. 试样表面应平整，无气泡、分层、明显杂质和加工损伤等缺陷。

4. 电子拉力实验机应按其相应规定进行操作。

5. 断裂强度（Breaking strength）σ_t 的计算：$\sigma_t=[P/(bd)]\times10^4$（Pa）

式中　P——最大载荷（由打印报告读出），N；

　　　b——试样宽度，cm；

　　　d——试样厚度，cm。

6. 断裂伸长率 ε_t 计算：$\varepsilon_t=[(L-L_0)/L_0]\times100\%$

式中　L_0——试样的初始标线间的有效距离；

　　　L——试样断裂时标线间的有效距离。

把测定所得各值列入下表，计算，算出平均值，并和电脑计算结果进行比较。

编号	d/cm	b/cm	bd/cm^2	P/N	L_0/cm	L/cm	σ_t/Pa	ε_t
1								
2								
3								
4								
5								

平均 $\sigma_t=$　　　打印报告中平均 $\sigma_t'=$　　　两者偏差率 $=|\sigma_t-\sigma_t'|\times100\%=$

平均 $\varepsilon_t=$　　　打印报告中平均 $\varepsilon_t'=$　　　两者偏差率 $=|\varepsilon_t-\varepsilon_t'|\times100\%=$

七、思考题

1. 如何根据聚合物材料的应力-应变曲线（Stress-strain curve）来判断材料的性能？

2. 在拉伸实验中，如何测定模量（Modulus）？

【实验题目3】 偏光显微镜法观察聚合物球晶形态

一、实验目的

1. 了解偏光显微镜（Polarizing microscope）的结构及使用方法。
2. 了解球晶（Spherulites）黑十字消光图案的形成原理。
3. 观察聚合物的结晶形态（Crystal morphology），理解影响聚合物球晶大小的因素。

二、操作要点及相关知识预习

聚合物的结晶条件及其各种形态。

三、实验原理

用偏光显微镜研究聚合物的结晶形态是目前实验室中较为简便而实用的方法。随着结晶条件的不用，聚合物的结晶可以具有不同的形态，如单晶（Single crystal）、树枝晶（Dendrite crystals）、球晶（Spherulites）、纤维晶（Fibrous crystal）及伸直链晶体（Extended-chain crystals）等。而球晶是聚合物结晶中一种最常见的形式。在从浓溶液中析出或熔体（Melt）冷却结晶时，聚合物倾向于生成这种比单晶复杂的多晶聚集体（Polycrystalline aggregate），通常呈球形，故称为"球晶"（Spherulites）。

球晶的大小取决于聚合物的分子结构及结晶条件，因此随着聚合物种类和结晶条件的不同，球晶尺寸差别很大，直径可以从微米级到毫米级，甚至可以大到厘米。球晶具有光学各向异性，对光线有折射作用，因此能够用偏光显微镜进行观察，该法最为直观，且制样方便、仪器简单。聚合物球晶在偏光显微镜的正交偏振片之间呈现出特有的黑十字消光图像。有些聚合物生成球晶时，晶片沿半径增长时可以进行螺旋性扭曲，因此还能在偏光显微镜下看到同心圆消光图像。对小于几微米的球晶则可用电子显微镜（Electron microscope）进行观察或采用激光小角散射法（Small angle light scattering method）等进行研究。

结晶聚合物材料、制品的实际使用性能［如光学透明性、冲击强度（Impact strength）等］与材料内部的结晶形态、晶粒大小及完善程度有着密切的联系。如较小的球晶可以提高材料冲击强度及断裂伸长率；球晶尺寸对于聚合物材料的透明度影响则更为显著：聚合物晶区的折射率（Refractive index）大于非晶区，球晶的存在将产生光的散射而使透明度下降，球晶越小透明度越高，当球晶尺寸小到与光的波长相当时可以得到透明的材料。

球晶的生长以晶核为中心，从初级晶核生长的片晶，在结晶缺陷点繁盛支化，形成新的片晶，它们在生长时发生弯曲和扭转，并进一步分支形成新的片晶，如此反复，最终形成以晶核为中心、三维向外发散的球形晶体（图1）。实验证实，球晶中分子链垂直于球晶的半径方向。

偏光显微镜的最佳分辨率为200nm，有效放大倍数超过500～1000倍，与电子显微镜、X射线衍射法（X-ray diffraction，XRD）结合可提供较全面的晶体结构信息。光是电磁波

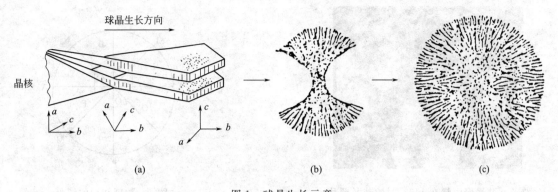

图1 球晶生长示意

(a) 晶片的排列与分子链的取向（其中 a、b、c 轴表示单位晶胞在各
方向上的取向）；(b) 球晶生长；(c) 长成的球晶

（Electromagnetic wave），也就是横波，它的传播方向与振动方向垂直。但对于自然光来说，它的振动方向均匀分布，没有任何方向占优势。但是自然光通过反射、折射或选择吸收后，可以转变为只在一个方向上振动的光波，即偏振光（如图 2，箭头代表振动方向，传播方向垂直于纸面）。

用偏光显微镜观察球晶结构是根据聚合物晶体具有双折射性质。当一束光线进入各向同性的均匀介质中，光速不随传播方向而改变，因此各方向都具有相同的折射率。而对于各向异性的晶体来说，其光学性质是随方向而异的。当光线通过它时，就会分解为振动平面互相垂直的两束光，它们的传播速度除光轴方向外，一般是不相等的，于是就产生两条折射率不同

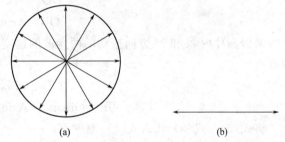

图2 自然光和线偏振光的振动现象

(a) 自然光；(b) 线偏振光

的光线，这种现象称为双折射（Birefringence）。晶体的一切化学性质都和双折射有关。在正交偏光显微镜下观察，当高聚物处于熔融状态时，呈现光学各向同性，没有发生双折射现象，光线被正交的偏振镜阻碍，视场黑暗。球晶会呈现出特有的黑十字消光现象，黑十字的两臂分别平行于两偏振轴的方向。而除了偏振片的振动方向外；其余部分就出现了因折射而产生的光亮。高聚物自熔体冷却结晶后，成为光学各向异性体，当结晶体的振动方向与上、下偏光镜振动方向不一致时，视野明亮，就可以观察到晶体，如图 3 所示为共聚聚丙烯在 145℃时的球晶照片。

以下用数理知识对其原因作简要说明，如图 4。图中 P—P 代表起偏镜的振动方向，A—A 代表检偏镜的振动方向，N—N、M—M 是晶体内某一切面内的两个振动方向。

由图可知，晶体切面内的振动方向与偏光镜的振动方向不一致，设 N 振动方向与偏光镜振动方向 P—P 间的夹角为 α。光先进入起偏镜，自起偏镜透出的平面偏光的振幅为 OB，光继续射至晶片上，由于切面内两振动方向不与 P—P 方向一致，因此要分解到晶体的两振动面中，分至 N 方向上光的振幅为 OD，分至 M 方向上光的振幅为 OE。自晶片透出的两平面偏光继续射至检偏镜上，由于检偏镜的振动方向与晶体切面内振动方向也不一致，故每一

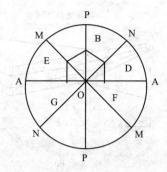

图 3　共聚聚丙烯在145℃时的球晶照片　　　　　　　　　图 4　数理知识的解释

平面偏光都要一分为二，即 OD 振幅光分解为 OF 与 DF 振幅的光，OE 振幅的光分解为 EG 和 OG 振幅的光。振幅为 DF 和 EG 的光，由于它们的振动方向垂直于检偏镜的振动面，因而不能透过，而振幅为 OG 和 OF 的光，它们均在检偏镜的振动面内，因而能透过两光波在同一面内振动，必然要发生干涉，它们的合成波为：

$$Y = OF - OG = OD\sin\alpha - OE\cos\alpha \tag{1}$$
$$OD = OB\cos\alpha$$
$$OB = A\sin\omega t$$

又因晶片内 N 和 M 方向振动的两光波的速度不相等，折射率也不同，其位相差设为 δ，则有：

$$OD = OB\cos\alpha \tag{2}$$
$$OE = OB\sin\alpha = A\sin(\omega t - \delta)\sin\alpha \tag{3}$$

将式（2）、式（3）代入式（1）整理得：

$$Y = A\sin 2\alpha \cdot \sin\frac{\delta}{2} - \cos\left(\omega t - \frac{\delta}{2}\right) \tag{4}$$

因合成光的强度与合成光振幅的平方成正比，故由式（4）可以得出：

$$I = A^2 \sin^2 2\alpha \cdot \sin^2\frac{\delta}{2}$$

式中，A 为入射光的振幅；α 是晶片内振动方向与起偏镜振动方向的夹角，转动载物台可以改变 α，当 $\alpha = \pi/4$，$3\pi/4$，$5\pi/4$，$7\pi/5$，…时，光的强度最大，视野最高。如果晶体切面内的两振动方向与上、下偏光镜的振动方向成45°，此时晶体的亮度最大，当 $\alpha = 0$，$\pi/2$，$3\pi/2$，…时，$I = 0$，视野全黑，如果晶体切面内的振动方向与起偏镜（或检偏镜）的振动方向平行时，即 $\alpha = 0$，则晶体全黑，当晶体的轴和起偏镜的振动方向一致时，也出现全黑现象。

在正交偏光镜下，晶体切面上的光的振动方向与 A—A、P—P 平行或近于平行，将产生消光，故形成分别平行于 A—A、P—P 的两个黑带（消光影），它们互相正交而构成黑十字，即 Maltese 干涉图，如图5所示。

用偏光显微镜观察聚合物球晶，在一定条件下，球晶呈现出更复杂的环状图案，即在特征的黑十字消光图像上还重叠着明暗相间的消光同性圆环。这可能是晶片周期性扭转产生的，如图6所示。

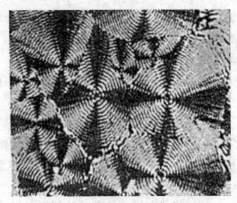

图 5　聚乙烯球晶的偏光显微镜照片　　　　　图 6　带消光同心圆环的聚乙烯球晶

偏光显微镜照片

四、实验仪器和材料

偏光显微镜，熔融装置，结晶装置，镊子，载玻片，盖玻片，聚丙烯。偏光显微镜如图 7 所示。

生物显微镜，偏光显微镜从光学原理及结构来说，基本是相同的，只不过后者比前者多了一对偏光片（起偏镜及检偏镜），因而用偏光显微镜能观察具有双折射的各种现象。

一般偏光显微镜的构造如图 7 所示：图中目镜 1 和物镜 10，使物像得到放大倍数的乘积，起偏镜 15 和检偏镜 6 是由尼科尔棱镜或偏振片制成，它们的作用是使普通光变成偏振光，目前市场出售的偏光显微镜上的检偏镜多为固定的，不可旋转。也有检偏镜和起偏镜都可转 0°～180°的借以控制两个偏振光互相平行或互相垂直的（正交），旋转工作台 11 是可以水平旋转 360°的圆形平台，旁边附有标尺，可以直接读出转动的角度。工作台上的圆孔是使光线通过的通道。工作台可放置显微镜加热台，可研究在加热、冷却和恒温过程中聚合物结构的变化。

微调手轮 19 及粗调手轮 20 是观察时用于调焦距的，使用过程中要注意先旋转微调手轮使微动处于中间位置再转动粗调手轮将镜筒下降使物镜靠近试样玻片，然后再观察试样的同时再慢慢上升镜筒，至看清物像为止，然后再左右旋转微调手轮使物体的像最清楚。

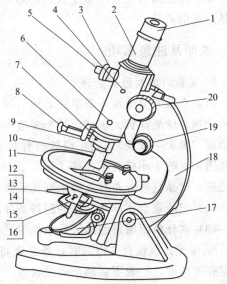

图 7　偏光显微镜的结构示意

1—目镜；2—目镜筒；3—勃氏镜手轮；4—勃氏镜左右调节手轮；5—勃氏镜前后调节手轮；6—检偏镜；7—补偿器；8—物镜定位器；9—物镜座；10—物镜；11—旋转工作台；12—聚光镜；13—拉索透镜；14—可变光栏；15—起偏镜；16—滤色片；17—反射镜；18—镜架；19—微调手轮；20—粗调手轮

五、操作步骤

1. 显微镜及摄像准备准备

（1）在显微镜上装上物镜（Object lens）和目镜（Eye lens），打开照明电源，推入检偏镜（Analyser），调整起偏镜（Polarizer）角度至正交位置。获得完全消光视野（视野尽可能暗，如不便观察，可去掉显微镜目镜，旋转底下的起偏镜，直至最暗的视野，此时表明两偏光镜角度恰好为正交位置）。

（2）启动电脑，打开显微镜摄像程序。

2. 聚合物球晶样品的制备及观察

（1）将平板加热台温度调整到 230℃左右，在加热台上放上载玻片（Slide glass），放入少量聚丙烯试样在载玻片上，观察试样熔融成水滴状时盖上盖玻片。用镊子或砝码小心地将其压成薄膜状，尽量不要有气泡，恒温 5min。转移至 140℃的烘箱中熔融（Melting）10min，再恒温 30min。

（2）将载有样品的载玻片移至显微镜载物台上。拉出显微镜检偏镜，调节样品位置使光线通过。调节焦距（Focal length）至视场清晰，推入检偏镜，观察球晶结晶完成后的形态、消光黑十字（Extinction black cross）及同心圆环现象，并拍照保存，在照片上任选 5 个球晶，用软件求取晶体半径计算平均值。

（3）重复步骤（1）、（2），将熔融并恒温后的试样，取出放在 80℃烘箱及 20℃（室温）下冷却，用显微镜观察结晶完成后的形态，并拍照记录、测算半径、并比较不同结晶温度下球晶形态的差异。

六、说明及注意事项

1. 实验结果及数据处理

（1）在偏光显微镜下观察到的球晶的形态如下：可以看到在显微镜里有很多的球晶晶粒紧密排列，球晶晶粒大多球形甚至多边形，球晶很明显的呈现出四个亮区域和四个暗区域，即出现"黑十字现象"。利用摄像软件可以测量球晶的直径，在目镜 10 倍、物镜 10 倍时，摄像图片上的 1 小格表示长度 $1\mu m$。换算到 200 倍下，相当于 2 个小格代表 $1\mu m$，其余以此类推。球晶直径分布在几微米到几千微米范围。

（2）记录聚合物球晶试样的制备条件以及观察、保存的球晶形态图及晶体半径。

（3）试分析说明聚丙烯结晶条件与晶体形态的关系。

2. 偏光显微镜开关电源时，务必先将亮度调节钮调至最小。调节亮度钮时，将其调至所需亮度即可，一般不要调至最强状态。

3. 偏光显微镜是精密的光学仪器，操作时要十分仔细和小心，不要随意拆卸零件，不可手摸或用硬物擦拭玻璃镜头。

4. 将欲观察的玻片置于载物台中心，从侧面看着镜头，先旋转微调手轮（Fine adjustmen thandwheel），使它处于中间位置，再转动粗调手轮（Coarse adjustment handwheel）将镜筒下降使物镜靠近试样玻片，然后在观察试样的同时慢慢上升物镜筒（Zoom Lens），直至看清物体的像，再左右旋动微调手轮使物体的像最清晰。切勿在观察时用粗调手轮调节下降，否则物镜有可能碰到玻片硬物而损坏镜头，特别在高倍时，被观察面（样品面）距离物镜只有 0.2~0.5mm，一不小心就会损坏镜头。

5. 在偏光显微镜下使用热台时，不可超过 300℃，而且高温处理时间不要过长。

七、思考题

1. 用偏光显微镜法观察聚合物球晶形态的原理是什么？

2. 在生产中如何控制球晶的形态?

3. 制样时，应注意哪些环节?

4. 结晶温度（Crystallization temperature）对球晶尺寸有何影响?

【实验题目4】 黏度法测定聚合物的分子量

一、实验目的

1. 掌握用乌氏黏度计（Ubbelohde viscometer）测定高分子溶液黏度（Solution viscosity）的方法。

2. 了解稀释黏度法（Viscometry）测定高聚物分子量（Molecular weight）的基本原理。

3. 学会外推法（Extrapolation methods）作图求 $[\eta]$ 并计算黏均分子量（Viscosity-average molecular weight） M_η。

二、操作要点及相关知识预习

1. 聚合物的溶解。
2. 聚合物的分子量的种类及测定方法。

三、实验原理

高聚物的分子量是反映高聚物特性的重要指标，是高分子材料最基本的结构参数之一。其测定方法有：端基测定法（End group Analyses）、渗透压法（Osmometric method）、光散射法（Light scattering method）、超速离心法（Ultracentrifugation）以及黏度法等。其中黏度法测试仪器比较简单，操作方便，并有较好的精确度（Accuracy），应用普遍。

高分子溶液具有比纯溶剂高得多的黏度，其黏度大小与高聚物分子的大小、形状、溶剂性质以及溶液运动时大分子的取向等因素有关。因此，利用高分子黏度法测定高聚物的分子量基于以下经验式：

Mark-Houwink 经验式（Empirical formula）：

$$[\eta] = KM^\alpha \tag{1}$$

式中 $[\eta]$——特性黏数（Intrinsic viscosity）；

$\quad M$——黏均分子量（Viscosity-average molecular weight）；

$\quad K$——比例常数（Constant of proportionality）；

$\quad \alpha$——与分子形状有关的经验参数（Empirical parameter）。

K 和 α 值与温度、聚合物、溶剂性质有关，也和分子量大小有关。K 值受温度的影响较明显，而 α 值主要取决于高分子线团在某温度下，某溶剂中舒展的程度，其数值介于 0.5~1 之间。K 与 α 的数值可通过其他绝对方法确定，例如渗透压法、光散射法等，从黏度法只能测定得 $[\eta]$。

黏度除与分子量有密切关系外，对溶液浓度也有很大的依赖性，故实验中首先要消除浓度对黏度的影响，常以如下两个经验公式表达黏度对浓度的依赖关系：

$$\frac{\ln\eta_r}{c}=[\eta]-\beta[\eta]^2c \tag{2}$$

$$\eta_r=\frac{\eta}{\eta_0}=\frac{t}{t_0} \tag{3}$$

$$\eta_{sp}=\eta_r-1 \tag{4}$$

式中　η_r——相对黏度（Relative viscosity）；

　　　η_{sp}——增比黏度（Specific Viscosity）；

　　　c——溶液浓度（Solution concentration）；

　　　β——常数；

　　　t——溶液流出时间；

　　　t_0——纯溶剂流出时间。

　　显然：
$$[\eta]=\lim_{c\to0}\frac{\eta_{sp}}{c}=\lim_{c\to0}\frac{\ln\eta_r}{c} \tag{5}$$

式中　η_{sp}/c——比浓黏度（Reduced viscosity）。

　　$[\eta]$ 即是聚合物溶液的特性黏数，和浓度无关，由此可知，若以 η_{sp}/c 和 $\ln\eta_{sp}/c$ 分别对 c 作图，则它们外推到 $c\to0$ 的截距应重合于一点，其值等于 $[\eta]$（图1）。

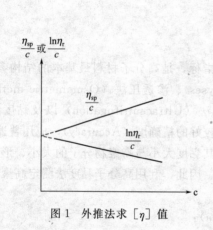

图1　外推法求 $[\eta]$ 值

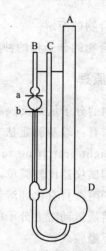

图2　乌氏黏度计

四、实验仪器和材料

1. 仪器：乌氏黏度计（图2）。

2. 试剂：PVA，水。

五、操作步骤

1. 玻璃仪器的洗涤（Washing）：黏度计先用经砂芯漏斗滤过的水洗涤，把黏度计毛细管上端小球中存在的沙粒等杂质冲掉。抽气下，将黏度计吹干，再用新鲜温热的洗液滤入黏度计，满后用小烧杯盖好，防止尘粒落入。浸泡约 2h 后倒出，用自来水（滤过）洗净，经蒸馏水（滤过）冲洗几次，倒挂干燥后待用。其他如容量瓶等也须经无尘洗净干燥。

2. 测定溶剂流出时间：将恒温槽（Constant temperature bath）调节至 [25（或30）±0.1]℃。

在黏度计 B、C 管上小心地接上医用橡皮管（Medical rubber tube），用铁夹夹好黏度计，放入恒温水槽，使毛细管垂直于水面，使水面浸没 a 线上方的球。用移液管从 A 管注入 10mL 溶剂（滤过）恒温 10min 后，用夹子夹住 C 管橡皮管使其不通气，而将接在 B 管的橡皮管用注射器抽气，使溶剂吸至 a 线上方的球一半时停止抽气。先把注射器拔下，而后放开 C 管的夹子，空气进入 b 球下面的小球，使毛细管内溶剂和 A 管下端的球分开。这时水平地注视液面的下降，用停表记下液面流经 a 线和 b 线的时间，此即为 t_0。重复 3 次以上，误差不超过 0.2s。取其平均值作为 t_0。然后将溶剂倒出，黏度计烘干。

3. 溶液的配制：称取 PVA 下 0.2～0.3g（准确至 0.1mg），小心倒入 25mL 容量瓶中，加入约 20mL 水，使其全部溶解。溶解后稍稍摇动，置恒温温水槽中恒温，用甲苯稀释到刻度，再经 K 砂芯漏斗滤入另一支 25mL 无尘干净的容量瓶中，它和无尘的纯甲苯（100mL 容量瓶）同时放入恒温水槽，待用。

4. 溶液流出时间的测定：用移液管吸取 10mL 溶液注入黏度计，黏度测定如前。测得溶液流出时间 t_1。然后再移入 5mL 溶剂，这时黏度计内的溶液浓度是原来的 2/3，将它混合均匀，并把溶液吸至 a 线上方的球一半，洗两次，再用同法测定 t_2。同样操作，再加入 5mL、10mL、10mL 溶剂，分别测定 t_3、t_4、t_5，填入表 1。

试样_____；溶剂_____；浓度_____；

黏度计号码_____；恒温_____

表 1　实验数据记录

$c/(g/cm^3)$	t_1/s	t_2/s	t_3/s	$t_{平均}/s$	η_r	$\ln\eta_r$	η_{sp}	η_{sp}/c	$\ln\eta_r/c$
c_0									
c_1									
c_2									
c_3									
c_4									
c_5									

25℃时 K（10^3）$=59.5$，$a=0.63$；K（10^3）$=20$，$a=0.76$；K（10^3）$=30$，$a=0.5$。

六、说明及注意事项

1. 实验结果及数据处理（外推法）

为作图方便，设溶液初始浓度为 c_0，真实浓度 $c=c'c_0$，依次加入 5mL、5mL、10mL、10mL 溶剂稀释后的相对浓度各为 2/3、1/2、1/3、1/4（以 c' 表示）计算 η_r、$\ln\eta_r$、$\ln\eta_r/c'$、η_{sp}、η_{sp}/c' 填入表 1 内。对 η_{sp}/c'-c'（或 $\ln\eta_r/c'$-c'）作图，外推得到截距 A，那么特性黏数 $[\eta]=$ 截距 $A/$ 初始浓度 c_0。

已知 $[\eta]=KM^a$，式中 K 和 α 值，查高聚物的特性黏数-分子量关系参数表可得；那么可求出 M_η。

2. 在溶液配制和量取时应尽量减少误差。

3. 在把不同溶液放入黏度计之前，应用少量该溶液荡洗 1～2 次。

4. 安装黏度计时，应注意使黏度计保持垂直状态并使水面高过上刻度 1cm 左右。

5. 实验完毕，整理并洗净仪器，特别是黏度计一定要用溶剂清洗干净，否则毛细管被堵塞，以后实验就无法进行。

七、思考题

1. 式(1) 中 K，α 在何种条件下是常数？如何求得 K，α 值？

2. 测定某一聚合物黏度时，一般挑选黏度计以溶剂流出时间在 100s 左右为宜，为什么？

3. 外推 $[\eta]$ 时两条直线的张角与什么有关？

【实验题目 5】 溶胀平衡法（Equilibrium swelling measurement）测定聚合物的交联度

一、实验目的

1. 了解溶胀法测定聚合物的有效链平均分子量（Average molecular weight）的基本原理。

2. 掌握体积法（Volumetric method）和质量法（Quality method）测定交联聚合物溶胀度（Swelling degree）的实验技术。

3. 加深对交联度与天然橡胶（Natural rubber）性能间关系的理解和认识。

二、操作要点及相关知识预习

1. 聚合物的溶胀行为（Swelling behavior）。

2. 聚合物的良溶剂与不良溶剂对聚合物的溶解和溶胀的行为。

三、实验原理

交联聚合物分子链之间有化学键（Chemical bond）联结，形成三维网状结构（Three-dimensional network structure），整个材料就是一个大分子，因此不能溶解。但交联聚合物在适当的溶剂中，特别是在其良溶剂中，可吸收大量溶剂而产生溶胀。形成溶胀的条件与线型聚合物形成溶液相同，溶胀的凝胶实际上是聚合物的浓溶液。在溶胀过程中，一方面溶剂力图渗入聚合物内部使其产生体积膨胀；另一方面由于交联聚合物体积膨胀导致网状分子链的三维空间伸展，引起了它的构象熵（Conformational entropy）的降低，进而分子网将同时产生弹性收缩力（Elastic contractility），使分子网收缩，因而将阻止溶剂分子进入分子网、当这两种相反的作用相互抵消时，体系就达到了溶胀平衡状态（Balanced state），溶胀体的体积不再变化。

当聚合物的交联度过大时，交联点间的有效链段很短，基本已失去柔性（Flexibility），溶剂小分子进入这种刚硬的大分子网络中是困难的，此时，交联聚合物是不能得到充分溶胀的。反之，若聚合物的交联度较低，一方面可能有部分分子链段溶于溶剂中，在溶胀后形成溶胶，测试时容易造成误差；另一方面分子网中存在的自由末端对溶胀没有贡献，与理论偏差较大。所以溶胀平衡法只适合于测定中度交联聚合物的交联度。

在溶胀过程中，溶胀体内混合自由能（The mixture free energy）的变化 ΔG 由两部分组成：一是高分子与溶剂的混合自由能；另一部分是分子网的弹性自由能（The elastic free energy）。

$$\Delta G = \Delta G_{\mathrm{m}} + \Delta G_{\mathrm{el}} \tag{1}$$

若在溶胀过程中，$\Delta G < 0$；当达到溶胀平衡时，$\Delta G = 0$。根据 Flory-Huggins 的晶格模型理论，高分子和溶剂的混合自由能为：

$$\Delta G_{\mathrm{M}} = RT(n_1 \ln \phi_1 + n_2 \ln \phi_2 + \chi_1 n_1 n_2) \tag{2}$$

式中，n_1，n_2 分别为溶剂和聚合物的物质的量；ϕ_1，ϕ_2 分别为溶剂和聚合物的体积分数；χ_1 为溶剂-大分子的相互作用参数。

交联聚合物的溶胀过程类似于橡皮的形变过程，如图 1，由高斯统计理论知：

$$\Delta G_{\mathrm{el}} = \frac{1}{2} NkT(\lambda_1^2 + \lambda_2^2 + \lambda_3^2 - 3) \tag{3}$$

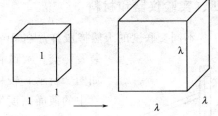

式中，N 为单位体积内交联高聚物的有效链的数目（相邻两交联点之间的链称为一个有效链），λ_1、λ_2 和 λ_3 分别为 x、y、z 方向上的拉伸长度比。

图 1　交联高聚物的溶胀示意

假定聚合物是各向同性材料，且试样溶胀前为一个单位立方体。则：

$$\lambda_1 = \lambda_2 = \lambda_3 = \left(\frac{1}{\phi}\right)^{1/3} \tag{4}$$

将式（4）代入式（3）得：

$$\Delta G_{\mathrm{el}} = \frac{3\rho RT}{2\overline{M}}(\phi_2^{-1/3} - 1) \tag{5}$$

溶胀平衡时，溶胀体内溶剂的化学位和溶胀体外溶剂的化学位相等，即：

$$\Delta \mu_1 = \Delta \mu_1^{\mathrm{M}} + \Delta \mu_1^{\mathrm{el}} = 0 \tag{6}$$

而

$$\Delta \mu_1^{\mathrm{M}} = \left(\frac{\partial \Delta G_{\mathrm{m}}}{\partial n_1}\right)_{T,P,n_2} = RT\left[\ln \phi_1 + \left(1 - \frac{1}{X}\right)\phi_2 + \chi_1 \phi_2^2\right] \tag{7}$$

因聚合物分子量 X 很大，

$$\Delta \mu_1^{\mathrm{M}} = RT[\ln \phi_1 + \phi_2 + \chi_1 \phi_2^2] \tag{8}$$

$$\Delta \mu_1^{\mathrm{el}} = \left(\frac{\partial \Delta G_{\mathrm{e}}}{\partial n_1}\right)_{T,P,n_2} = RT \cdot \frac{\rho_2 \widetilde{V}_1}{\overline{M}_{\mathrm{c}}} \cdot \phi_2^{1/3} \tag{9}$$

综合上式，可得交联聚合物溶胀平衡方程式。

$$\ln(1 - \phi_2) + \phi_2 + \chi_1 \phi_2^2 + \frac{\rho_2 \widetilde{V}_1}{\overline{M}_{\mathrm{c}}} \cdot \phi_2^{1/3} = 0 \tag{10}$$

当交联度不太大时，交联聚合物在良溶剂中的溶胀比 q 可以大于 10，因此 $\phi_2 = 1/q \approx 0.1$；

展开 $\ln(1 - \phi_2) = -\phi_2 - \frac{1}{2}\phi_2^2 - \cdots$，代入式（10），得到：

$$\frac{\overline{M}_{\mathrm{c}}}{\rho_2 \widetilde{V}_1}\left(\frac{1}{2} - \chi_{12}\right) = q^{5/3} \tag{11}$$

由此，若已知聚合物与溶剂的相互作用参数 χ_1，则从交联聚合物的平衡溶胀比 q 或测定 ϕ_2 可求得交联点间的网链平均分子量 $\overline{M}_{\mathrm{c}}$；反之若某一聚合物的 $\overline{M}_{\mathrm{c}}$ 已知，也可求得参数 χ_1。

交联度为 $W/\overline{M_c}$，其中 W 为交联聚合物中一个单体链节的相对分子质量。$\overline{M_c}$ 的大小表明了聚合物交联度的高低，$\overline{M_c}$ 越大交联点之间分子链越长，表明聚合物的交联度越低；反之，$\overline{M_c}$ 越小，交链点间分子链越短，交链程度越高。

在实验过程中，平衡溶胀状态的确定有两种方法，一种是体积法，即用溶胀计直接测定样品的体积，隔一段时间测定一次，直至所测的样品体积不再增加，表明溶胀已达到平衡；另一种方法是质量法，即跟踪溶胀过程，对溶胀体称重，直至溶胀体两次质量之差不超过 0.01g，此时可认为体系已达到溶胀平衡。

四、实验仪器和材料

不同交联度的天然橡胶样品各 10g，苯 500mL。溶胀计（Swelling meter）一个，恒温装置一套，大试管（带塞）两个，50mL 烧杯一个，镊子一个。溶胀计如图 2 所示，较粗的、垂直的管为主管，右方的支管为毛细管。当主管中的液面高度发生变化时，毛细管中液面高度会发生相应变化，且变化幅度较主管明显，可以提高测量的灵敏度。

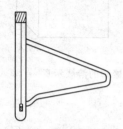

图 2　溶胀计示意

五、操作步骤

1. 溶胀液体的选择

溶胀液一般选用与待测样不会发生化学及物理作用，并要求经济易得，挥发性小、毒性小。本实验采用蒸馏水，为了减少液体表面张力，更好地使待测固体样品表面湿润，可在管中再加入几滴乙醇。

2. 溶胀计体积换算因子的测量

为确定主管内体积的增加与毛细管内液面移动距离的对应值 A，可以用已知密度的金属镍小球若干个，称量并求出其体积 V_0，然后放入膨胀计中读取毛细管内液面移动距离 L，这样便求出体积换算因子 $Q_0 = V_0/L$。

3. 溶胀前天然橡胶样品体积的测定

将待测样品放入金属小篓内，驱尽毛细管内气泡，放入溶胀管，读取毛细管内液面移动的距离（即此时毛细管液面读数与未放入样品的毛细管液面读数之差），再乘以 Q 值所得的积即为管内体积增量，也就是样品的体积。

4. 溶胀后样品体积的测定

将已知体积的样品放入试管中，倒入溶剂苯（溶剂量约至试管 1/3 处），将此试管用塞子塞紧，并置于恒温水槽内，恒温 25℃溶胀，定时测量样品体积，一般在开始间隔短些（2h 一次），后来可适当长些（4h 一次）。

测定体积时，先用滤纸轻轻将溶胀样品表面的多余溶剂吸干，用相同方法测量溶胀后样品体积，样品体积增量为溶胀前后体积之差（也即溶剂渗透到样品内的体积）。间隔一定时间测定一次体积变化，直至样品体积不再增加，达到溶胀平衡为止。

六、说明及注意事项

数据处理如下。

（1）体积换算因子（Volume conversion factor）的计算：镍球（Nickel balls）的质量，g；镍球的体积 V，mL；毛细管液面移动的距离 L，mm；体积换算因子 Q，mL/mm。

(2) 以体积法测量的体积增量对溶胀时间作图，确定溶胀平衡时间以及相应的体积增量。

(3) 计算聚合物在溶胀体中的体积分数（Volume fraction）ϕ_2 和溶胀比（Swelling ratio）q，根据式(10) 或式(11) 计算聚合物中两交联点之间分子间子链的平均分子量，并进一步计算交联度。

注：天然橡胶-苯体系在 25℃时，苯的摩尔体积 $V_1 = 89.4 \text{cm}^3/\text{mol}$，高分子-溶剂作用参数 $\chi_1 = 0.437$，天然橡胶密度 $\rho = 0.9743 \text{g/cm}^3$。

七、思考题

1. 溶胀法测定交联聚合物的交联度的优缺点有哪些？还有什么方法可用来测交联度？

2. 溶胀法除了可以测量交联度外，还可得到哪些物理参数？

3. 用平衡溶胀法测定硫化天然橡胶的交联度，得到以下实验数据：橡胶试样重 10.09g，在常温（25℃）的苯溶剂中浸泡 7～10 天达到溶胀平衡，溶胀体重 80.28g，求样品的交联度？

【实验题目6】 膨胀计法测定聚合物的玻璃化转变温度 (Glass transition temperature)

一、实验目的

1. 掌握膨胀计法（Dilatometer Method）测定聚合物玻璃化温度的原理。
2. 掌握膨胀计法测定聚合物玻璃化温度的方法。
3. 了解升高温度对玻璃化温度的影响。

二、操作要点及相关知识预习

聚合物的玻璃化转变行为及意义。

三、实验原理

膨胀计法是测定聚合物玻璃化温度最常用的方法，该法测定聚合物的比体积与温度的关系。聚合物在 T_g 以下时，链段运动（Segmental motion）被冻结，此时聚合物的热膨胀（Thermal expansion）机理主要是克服原子间的主价力，膨胀系数（Expansion Coefficient）较小；当温度升至 T_g 以上时，链段开始运动，同时大分子链本身由于链段的扩散运动（Diffusion），也发生膨胀，这时膨胀系数变大，若以比体积（Specific volume）对温度作图，在 T_g 处就要发生斜率（Slope）的变化。如图 1 所示。曲线的斜率 $\mathrm{d}V/\mathrm{d}T$ 是体积膨胀率（Volume expansion ratio）。曲线斜率发生转折所对应的温度就是玻璃化转变温度 T_g，有时实验数据不产

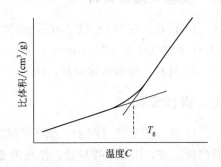

图 1 高聚物的比体积-温度关系

生尖锐的转折，通常是将两根直线延长，取其交点所对应的温度作为 T_g。

玻璃化转变现象是非常复杂的，至今还没有比较完善的理论可以解释实验事实。现有的玻璃化转变理论包括：自由体积理论、热力学理论、动力学理论、模态耦合理论、固体模型理论（Free volume theory；The theory of thermodynamics；Kinetic theory；Modal coupling theory；Solid model theory）等。本实验的基本原理是基于应用最广泛的自由体积理论。自由体积理论认为：液体或固体的体积由两部分组成，一部分是被分子占据的体积，称为已占体积；另一部分是未被占据的体积，称为自由体积。后者以"空穴"的形式分散于整个物质之中。通常，当非晶态高分子冷却时，自由体积会逐渐减小，到达玻璃化转变温度时，自由体积将达到一个最低值，高聚物进入玻璃态。在玻璃态温度以下，由于高分子链段运动被"冻结"，自由体积也被冻结，并维持一恒定值。此时，高聚物随温度升高发生的膨胀仅仅是由于分子振幅（Molecular amplitude）、键长（Bond-length）等变化引起的正常的分子热膨胀，显然这种膨胀是较小的。而在玻璃化温度以上，链段获得了足够的运动能量，所以，随着温度的升高，除了键长、振幅变化引起的膨胀外，还有自由体积本身的膨胀。

玻璃化转变不是一个热力学的平衡态，而是一个松弛过程（Relaxation process），即玻璃化转变与转变的过程有关。所以 T_g 的大小与测试条件有关，如用膨胀计法测 T_g 时，测试结果与升温速率是相关的。升温速率快，链段来不及调整位置，玻璃化温度就会偏高。反之，升温速率（Heating rate）太慢，则测得的 T_g 偏低，甚至测不出来。在降温测量中，降温速率（Cooling rate）大，也会出现玻璃化温度偏高的情况。从动力学（Dynamics）角度解释，在 T_g 温度以上，随着温度的变化，聚合物非晶态（Amorphous）的构象（Conformation）进行重排，结构重排的弛豫速率（Relaxation rate）远大于变温速率，变温造成的非平衡状态在瞬间达到平衡，非晶态聚合物处于动力学平衡态；随着温度不断降低，最后达到某一温度点时，结构弛豫速率（Structural relaxation rate）变得与冷却速率相同数量级时，构象重排不能在瞬间达到平衡，出现了某种类型的不连续。继续冷却，体积收缩速率已跟不上冷却速率，此时试样的体积大于该温度下的平衡体积值。因此，在比容温度曲线上将出现转折，转折点所对应的温度即为这个冷却速率下的 T_g。显然冷却速率越快，要求体积收缩速率也越快（即链段运动的松弛时间越短），因此，测得的 T_g 越高。另一方面，如冷却速率慢到聚合物试样能建立平衡体积时，则比体积-温度曲线上不出现转折，即不出现玻璃化转变。

T_g 的大小还与外力作用的大小有关，单向外力促进链段运动，外力越大，T_g 越小；外力作用频率增加，则 T_g 升高。故膨胀计法测得的 T_g 比动态法测得的要低一些。

四、实验仪器和材料

1. 仪器：膨胀计（Dilatometer），安培瓶（Ampere bottle），直径约 1mm 的毛细管，KDM 调温电热套（Thermostat set）一个，温度计（150℃）一支，电动搅拌器一台。

2. 材料：聚苯乙烯颗粒，约 5g，工业级；聚乙烯醇，50mL，化学纯。

五、操作步骤

1. 洗净膨胀计（图 2），烘干，装入 PS 颗粒至安培瓶的 4/5 体积。在安培瓶中加入乙二醇作指示液，用玻璃棒搅动，使瓶内无汽泡，管中液面略高于磨口下端。

2. 用乙二醇将安培瓶装满，插入毛细管（下端磨口塞上涂少量真空油脂），液柱即沿毛细管上升（不高于刻度 10 小格），磨口接头用橡皮筋固定，用滤纸擦去溢出的液体。如果发现液柱刻度不稳定或管内有气泡必须重装。

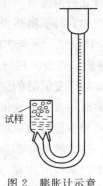

图 2　膨胀计示意

3. 将膨胀计的安培瓶浸入油浴，垂直固定在夹具上，毛细管伸出水浴以便读数。

4. 接通电源，升温并开动搅拌器，控制水浴升温速率为 1℃/min，每 5min 读毛细管内液面高度和温度一次，在温度高于 60℃ 时，每升高 2℃ 读一次液面高度和温度，直至毛细管液柱高度随温度线性变化为止。

5. 充分冷却膨胀计，再在 3℃/分的升温条件下，重复上述操作。

六、说明及注意事项

实验记录结果如表 1。

表 1　实验记录结果

样品名称	......
温度/℃	......
毛细管液面高度	......

以毛细管液面高度对温度作图，求出不同升温速率下的 T_g。

七、思考题

1. 为什么不同方法测得的玻璃化转变温度是不能相互比较的？
2. 为什么实验中要求膨胀管中不能有气泡？
3. 若膨胀计样品管中放入的聚合物的量太少，对测试结果有何影响？
4. 为什么说膨胀计法是测定聚合物玻璃化转变温度的经典方法，其他方法测定的结果都要与膨胀计法的结果相比较？

【实验题目 7】　聚合物维卡软化点的测定

一、实验目的

1. 了解热塑性塑料（Thermoplastic plastic）的维卡软化点（Vicat softening point）的测试方法。
2. 掌握维卡软化点温度测试仪（Temperature measurement device）的使用。

二、操作要点及相关知识预习

预习聚合物耐热性能及表征方法。

三、实验原理

热塑性聚合物（Thermoplastic polymer）的耐热性（Heat resistance）是指热塑性聚合

物所处的温度与产生的形变之间的关系，这种温度与形变之间的关系通常用温度值表示。最常用的有马丁耐热温度（Martin heat resistant temperature）、热变形温度（Distortion temperature）及维卡软化点（Vicat softening point）3 种，可分别按各自的试验方法进行测定。3 种测试方法的共同点是：在规定的载荷（Load）、施加方式、升温速率下，试验仪表达到规定的形变值时的温度。不同点是：马丁耐热温度表示试样在悬臂梁式（Cantilever beam）弯曲时达规定形变值时的温度，热变形温度表示试样在简支梁式（Simple beam）弯曲时达规定形变值时的温度，维卡软化点表示截面积 $1mm^2$ 圆形针的针头压入试样 1mm 深时的温度。这 3 种温度都是条件参数，并不代表材料的实际使用温度。通常认为，在马丁耐热温度以下，塑料的物理力学性能不会发生质的变化；在维卡软化点以下塑料的硬度变化不大；在热变形温度以下，试样弯曲时，受力中点的位移与跨度的比值小。从这三种耐热性温度值，可估计材料的拉伸（Stretch）、静弯曲（Static bending）、硬度（Hardness）等物理-力学性能。在材料制品的设计、成型中，可以用耐热性能数据作为控制产品的质量指标。

具体地说，维卡软化点是测定热塑性塑料于液体传热介质（Heat-transfer medium）中〔一般为甲基硅油（Methyl silicone oil）或耐热油〕，在一定的负荷、一定的等速升温条件下，试样被 $1mm^2$ 压针头压入 1mm 时的温度。应用本实验方法测得的软化点（Softening point）（维卡）适用于控制质量和作为鉴定新品种热性能的一个指标，但不代表材料的使用温度。本试验参照国家标准 GB 1633—82 的有关规定执行。

四、实验仪器和材料

1. 设备为 XRW-300 系列热变形、维卡软化点温度测定仪。加热介质：甲基硅油。

2. 等速升温速率定为两种。A 速度：$(5\pm0.5)℃/6min$、B 速度：$(12\pm1.0)℃/66min$；形变测量范围：0～1mm；试样架台数：3 台；冷却方式：水冷；砝码重量：参照国家标准 GB 1633—2000，砝码重量有两种，GA 9.81N 和 GB 49.05N。

3. 试样厚度应为 3～6mm，宽和长至少为 10mm×10mm，或直径大于 10mm。

（1）模塑试样厚度为 3～4mm。

（2）板材试样厚度取板材原厚，但厚度超过 6mm 时，应在试样一面加工成 3～4mm。如厚度不足 3mm 时，则可由 2 块但至多不超过 3 块迭合成厚度大于 3mm 时，方能进行测定。

4. 试样的支撑面和测面应平行，表面平整光滑（Smooth）、无气泡（Air bubble）、无锯齿痕迹（Serrated trace）、凹痕或飞边（Dents or flash）等缺陷。

5. 每组试样为 3 个。

6. 试样的预处理可按产品标准规定。产品标准若无规定时，可直接进行测定。

五、操作步骤

1. 把试样放入支架，其中心位置约在压针头之下，距试样边缘应大于 3mm。经机械加工的试样，加工面应紧贴支架底座。

2. 加砝码，使试样承受 GA 或 GB 负载，开始搅拌。

3. 开动下降开关，将支架小心浸入浴槽内，试样位于液面 35mm 以下，起始温度应至少低于该材料软化点（维卡）50℃。

4. 打开联机电脑，进入操作页面，并选定升温速率（Heating rate）和负载（Load）。

5. 调节变形测量装置到零位，并开始试验。当压针头压入试样 1mm 时，电脑自动记录此时的温度值，并打印升温曲线（Heating curve）和试验报告。

6. 材料的软化点（维卡）以两个试样的算术平均值表示，如同组试样测定结果之差大于 2℃时，必须另取试样重做。

7. 试验结束后，可通过冷却装置快速降低油温，以进行新的试验。

六、说明及注意事项

试验报告数据记录格式如下。

将实验记录在下表中。

实验数据记录

试样名称	试样尺寸		起始温度		升温速率	负载大小	使用的传热介质	试样的软化点（维卡）	
	Ⅰ	Ⅱ	Ⅰ	Ⅱ				Ⅰ	Ⅱ

七、思考题

1. 本方法适用于哪些材料，为什么？
2. 提高升温速率对测定温度有何影响？

【实验题目 8】 聚合物熔体（Polymer melt）流动速率的测定

一、实验目的

1. 了解熔体速率仪（Melt Flow Index Instrument）的结构和工作原理，并掌握其使用方法。
2. 理解熔体流动速率（Melt Flow Rate）和材料的结构的内在联系。
3. 了解热塑性塑料（Thermoplastics）在熔融状态（Molten state）时流动黏性的特性及其重要性。

二、操作要点及相关知识预习

热塑性塑料的熔体流动性能

三、实验原理

熔体流动速率（MFR）的定义是热塑性树脂试样在一定温度、恒定压力下，熔体在 10min 内流经标准毛细管的质量值，单位是 g/10min，通常用 MFR 来表示。

表征高聚物熔体的流动性好坏的参数是熔体的黏度。熔体流动速率仪实际上是简单的毛细管黏度计（Capillary Viscometer），结构简单，它所测量的是熔体流经毛细管的质量流量。由于熔体密度数据难以获得，故不能计算表观黏度。但由于质量与体积成一定比例，故熔体流动速率也就表示了熔体的相对黏度量值。因此，熔体流动速率可以用作区别各种热塑性材料在熔融状态时的流动性的一个指标。对于同一类高聚物,可由此来比较出分子量的大小。聚合物的平均分子量与加工流变性能及制品质量的关系,一般来讲,同一类的高聚物(化学结构相同)若熔体流动速率变小,则其分子量增大,机械强度较高;但其流动性变差,加工性能低;熔体流动速率变大,则分子量减小,强度有所下降,但流动性变好。

研究流动曲线的特性表明,在很低的剪切速率(Shear Rate)下,聚合物熔体的流动行为是服从牛顿定律(Newton's laws)的,其黏度不依赖于剪切速率,通常把这种黏度称为零切黏度(Zero Shear Viscosity)η_0,由 Fox-Flory 经验方程,$\eta_0 = KM^\alpha$,$M > M_c$,$\alpha = 3.4$;$M < M_c$,$\alpha = 1 \sim 1.8$。其中 M_c 为临界分子量,与聚合物性质有关,研究表明,M_c 范围为 3800~41500。许多研究表明,对于分子量分布较窄或分级的高密度聚乙烯,是遵守 3 次方规则的。但在分子量分布宽时,M 的指数有所增大。如果使指数保持为 3.4,则需用 $\overline{M}_z$ 代替重均分子量。

在实际应用中,不是用零剪切黏度评定分子量,而是用低剪切速率的熔体流动速度,习惯上叫熔体流动速率(Melt Flow Index)评定的。经研究,熔体流动速率与重均分子量的关系如下:

$$\lg MI = 24.505 - 5\lg \overline{M}_w \tag{1}$$

但由于熔体流动速率不只是分子量的函数,也受分子量分布及支链的影响,所以在使用这一公式时应予注意。此外用熔体流动速率测定聚合物熔体的流动活化能。对高聚物熔体黏度进行的大量研究表明,温度和熔体零剪切黏度的关系在低切变速率区可以用 Arrhenius 公式描述。

$$\eta_0 = A e^{\frac{E_\eta}{RT}} \tag{2}$$

式中,η_0 为温度 T 下时的零剪切黏度,E_η 为流动活化能(Activation energy for melt flow)。式(2)在 50℃的温度区间内具有很好的规律。

以 $\lg \eta_0$ 对 $1/T$ 作图,应得一直线,其斜率为 $E_\eta / 2.303RT$,由此很容易标出 E_η,由于需要在每一温度条件下用改变荷重的方法做一组实验,通过外推才能求得零剪切黏度。所以费时太多。可以利用熔体流动速率仪,测定不同温度,恒定切应力条件下的 MI 值,并由此求出表观活化能,原理如下。

由 Poiseuille 公式知道,通过毛细管黏度计(Capillary viscometer)的熔体黏度:

$$\eta = \frac{\pi R^4 \Delta \rho}{8VL} \tag{3}$$

式中,R 与 L 分别为毛细管的半径与长度;ΔP 为压差;V 为体积流速。

则:
$$V = \frac{\pi R^4 \Delta \rho}{8\eta L} \tag{4}$$

在固定毛细管及 $\Delta \rho$ 的条件下:
$$V = \frac{K}{\eta} \tag{5}$$

由 MI 的定义知道,MI 正比于 V。

故:
$$\eta = \frac{K'}{MI} \tag{6}$$

将其代入式(2)，得：

$$\frac{K'}{\mathrm{MI}} = A\,\mathrm{e}^{\frac{E_\eta}{RT}} \tag{7}$$

可推导得：

$$-\lg\mathrm{MI} = B + \frac{E_\eta}{2.303RT} \tag{8}$$

式中 $B = \lg A - \lg K'$。以 $-\lg\mathrm{MI}$ 对 $1/T$ 作图，应得一直线，由其斜率可求得 E_η。

四、仪器与材料

XNR-400B 型熔体流动速率仪，该仪器的主体结构如下图所示。天平、聚乙烯粒料。

五、操作步骤

1. 放入口模，将基础砝码插入料筒。

2. 接通仪器电源，等待 2s 左右屏幕将显示上次试验所保留的各个参数的设定值，且相应的试验方法指示灯亮，按仪器前面板上的"参数"键，可选择试验方法，第一次按"参数"键，选择质量法，在选择试验方法的同时，其面板上相应的指示灯亮，屏上显示该方法对应的参数设定屏显，选择好试验方法后进行参数设定。

3. 将位移测量系统的信号杆移开。用手轻轻抬起信号杆的末端，使之与测量机构脱离，然后将信号杆的前端转到一边。进行如下的操作步骤。

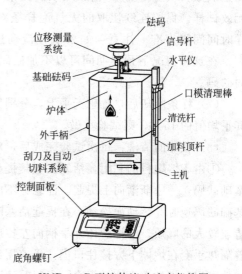

XNR-400B 型熔体流动速率仪简图

（1）温度设定 190.0℃，按下数字键 1、9、0、.、0 后按"确认"键则屏幕会显示如下：

```
温度设定：190.0℃
测量时间：□
测量次数：□
    正在设定参数
```

（2）测量（切料）时间设定 15s，按下数字键 0、1、5、.、0 后按"确认"键则屏幕会显示如下：

```
温度设定：190.0℃
测量时间：015.0S
测量次数：□
    正在设定参数
```

（3）切料（测量）次数设定 5 次，切料次数可在 1～99 次之间，本实验要设定 10 次，因此按数字键 0、5 后按"确认"键。

（4）则整个设定过程结束，按下"控温"键，此时应将口模和基础砝码放入料筒里面，与仪器一起升温。当系统已经恒温时，蜂鸣器响四声，提示达到设定温度后，恒温至少 15min。

（5）在 20s 内迅速将称好的试样加入料筒内，并用加料顶杆迅速将料压实（以防止气泡产生），整个加料过程与压实过程须在 1min 内完成。放入基础砝码，根据选定的试验条件选择负荷。按下数字键 9，启动 4min 定时器。

（6）在装料完成后 4min，炉温应恢复到规定温度，蜂鸣器响 3 声提示操作者进行下步操作。如果原来没有加负荷或负荷不足的，此时（装料完成后 4min）应把选定的负荷加到活塞上。让活塞在重力的作用下下降，直到挤出没有气泡的细条。这个操作时间不应超过 1min。此步骤应能在装料后 5min30s 左右使活塞杆的下环形标记与料筒顶面相平。按下前面板上的"预切"键，进行预切料，切除已经流出的样条，按"测量"键开始试验，待测量次数再次显示为 10 时说明切料完毕。当活塞下降到上环形标记以下后切取的试样为无效试样。保留连续切取的无气泡样条 3 个，样条长度最好在 10～20mm 之间，但以切样时间间隔为准。注意：如果试样流动速率高于 10g/10min，则预热时试样会有较大损失，在这种情况下预热期间可以不加砝码或加较小的砝码，在 4min 预热结束后换成所需的砝码。

（7）样条冷却后，置于天平上，分别称重。若所切样条的重量最大值和最小值之差超过其平均值的 15%，则试验重做。

（8）仪器的清洗：每次试验完成后，对仪器的及时清洗是十分必要的。

①由于熔融料的黏附，活塞在直接提起的时候，阻力可能很大，此时可一边顺时针转动基础砝码，一边渐渐向上提起。注意：不能逆时针转动，否则活塞会与砝码盖脱开，料筒因基础砝码逆时针转动而松动，在提起活塞时，可能会将料筒一并提出炉膛，给后续清洗工作造成较大的麻烦。②把炉体外手柄向左拉出，用加料顶杆把口模从炉体下方顶出，同时，带着隔热手套在炉体下方接住口模。迅速用口模清理棒将口模孔内残余热料顶出，然后用纱布或软布把口模外表面擦拭干净。③料筒清洗：用缠绕带纱布的清洗杆插入料筒内迅速上下擦拭，到干净为止。

六、说明及注意事项

1. 实验条件

测定不同结构的塑料的熔体流动速率，所选择的温度、负荷、试料用量、切割时间等各不相同，其规定标准如下。

有关塑料试验条件按下列序号选用。

PE	1，2，3，4，6
POM	3
PS	5，7，11，13
ABS	7，9
PP	12，14
PC	16
PA	10，15
丙烯酸酯	8，11，13
纤维素酯	2，3

共聚、共混和改性等类型的塑料可参照上述分类试验条件选用。

标准测试条件

序号	标准口模内径/mm	试验温度/℃	口模系数/g·mm²	负荷/kg
1	1.180	190	46.6	2.106
2	2.095	190	70	0.325
3	2.095	190	464	2.160
4	2.095	190	1073	5.000
5	2.095	190	2146	10.000
6	2.095	190	4635	21.600
7	2.095	200	1073	5.000
8	2.095	200	2146	10.000
9	2.095	220	2146	10.000
10	2.095	230	70	0.325
11	2.095	230	258	1.200
12	2.095	230	464	2.160
13	2.095	230	815	3.800
14	2.095	230	1073	5.000
15	2.095	275	70	0.325
16	2.095	300	258	1.200

试样加入时用活塞压紧，并在 1min 内加完，根据选用的试验条件加负荷。

注：如果 MFR＞10 时，这种情况下预热期间可不加负荷或加较小负荷。

2. 温度波动应保证在 ±0.5℃ 以内（炉温须在距标准口模上端 10.0mm 处测量）。

3. 天平感量为 0.001g。

4. 秒表精确至 0.1s。

七、思考题

1. 讨论熔体流动速率的用途和局限性？

2. 为什么要切取 5 个切割段？是否可直接切取 10min 流出的重量为熔体流动速率？

3. 是否所有热塑性塑料均可以进行 MFR 测定？塑料合金如 PC/ABS、PC/PET、PA/PC 等是否适合进行 MFR 测定？

【实验题目9】 聚合物的热重分析

一、实验目的

1. 了解热重分析法（Thermo Gravimetric Analysis）在高分子领域的应用。

2. 掌握热重分析仪的工作原理及其操作方法，学会用热重分析。

二、操作要点及相关知识预习

预习聚合物热学性能（Thermal property）方面的知识。

三、实验原理

热重分析法（Thermo Gravimetric Analysis，TGA）是在程序控温下，测量物质的质量和温度关系的一种技术。现代热重分析仪一般由 4 部分组成，分别是电子天平（Electronic balance）、加热炉（Furnace）、程序控温系统（Program temperature control system）和数据处理系统（Data processing system）（微计算机）。通常，TGA 谱图是由试样的质量残余率（Mass residual rate）Y（％）对温度 T 的曲线，称为热重曲线（Thermogravimetric curve，TG）和/或试样的质量残余率 Y（％）随时间的变化率 dY/dt（％/min）对温度 T 的曲线（称为微商热重法，DTG）组成，见下图。开始时，由于试样残余小分子物质的热解吸，试样有少量的质量损失，损失率为（$100-Y_1$）％；经过一段时间的加热后，温度升至 T_1，试样开始出现大量的质量损失，直至 T_2，损失率（Loss rate）达（Y_1-Y_2）％；在 T_2 到 T_1 阶段，试样存在着其他的稳定相；然后，随着温度的继续升高，试样再进一步分解。图中 T_1 称为分解温度，有时取 C 点的切线与 AB 延长线相交处的温度 T_1'，作为分解温度，后者数值偏高。

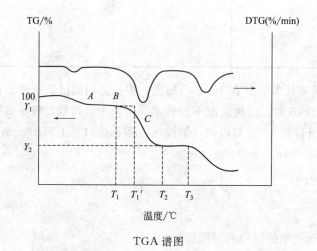

TGA 谱图

TGA 在高分子科学中有着广泛的应用，例如，高分子材料热稳定性的评定，共聚物和共混物的分析，材料中添加剂和挥发物的分析，水分（含湿量）的测定，材料氧化诱导期（Induction period）的测定，固化过程分析以及使用寿命（Service life）的预测等。

正如其他的分析方法一样，热重分析法的实验结果也受到一些因素影响，加之温度的动态特性和天平的平衡特性，使影响 TG 曲线的因素更加复杂，但基本上可以分为两类。

（1）仪器因素：升温速率、气氛、支架、炉子的几何形状，电子天平的灵敏度以及坩埚材料。

（2）样品因素：样品量、反应放出的气体在样品中的溶解性、粒度、反应热、样品装填、导热性等。

四、仪器和材料

1. 仪器：热重分析仪（Thermogravimetric Analysis）。
2. 试样：聚对苯二甲酸乙二醇酯（Polyethylene terephthalate）（PET）。

五、操作步骤

1. 提前 1h 检查恒温水浴的水位，保持液面低于顶面 2cm。打开面板上的上下两个电源，启动运行，并检查设定的 T_1 工作模式，设定的温度值应比环境温度高 3℃。
2. 按顺序依次打开显示器、电脑主机、仪器测量单元、控制器以及测量单元上电子天平的电源开关。
3. 确定实验用的气体（一般为 N_2），调节输出压力（0.05～0.1MPa），在测量单元上手动测试气路的通畅，并调节好相应的流量。
4. 利用测量软件进行热重分析。
5. 数据处理：程序正常结束后会自动储存，可打开分析软件包对结果进行数据处理，处理完好可保存为另一种类型文件。
6. 待温度降至 80℃ 以下时，打开炉盖，拿出坩埚。
7. 按顺序依次关闭软件和退出操作系统，关闭电脑主机、显示器、仪器控制器、天平和测量单元电源。
8. 按顺序关闭软件和退出操作系统，关闭电脑主机、显示器、仪器控制器、天平和测量单元电源。
9. 关闭恒温水浴面板上的运行开关和上下两个电源开关，关闭使用气瓶的高压总阀。
10. 及时清理坩埚和实验室台面。

六、说明及注意事项

数据处理时打印 TGA 谱图，求出试样的分解温度 T_d。

七、思考题

1. TGA 实验结果的影响因素有哪些？
2. 讨论 TGA 在高分子科学中的主要应用？

【实验题目10】 示差扫描量热法（Differential scanning calorimetry）表征聚合物玻璃化转变和熔融行为

一、实验目的

1. 掌握 DSC 法测定聚合物玻璃化温度和熔点的方法。
2. 了解升温速度对玻璃化温度的影响。
3. 测出聚合物的玻璃化温度。

二、操作要点及相关知识预习

预习聚合物的玻璃化转变与熔融行为（Melting behavior）相关的知识。

三、实验原理

国际热分析协会（International Confederation for Thermal Analysis）（ICTA）和国际热分析和量热学协会（International association of thermal analysis and calorimetry）（IC-TAC）对热分析定义为：在程序控制温度下，测量物质的物理性质与温度关系的一种技术。ICTA将热分析技术（Thermal analysis）分为9类共17种：①测量温度与质量的关系，包括热重法（Thermogravimetry）（TG）、等压质量变化测定（Isobaric mass change determination）、逸出气检测（Evolved gas detection）（EGD）、逸出气分析（Evolved gas analysis）（EGA）、放射热分析（Emanation thermal analysis）、热微粒分析（Thermoparticulate analysis）；②测量温度与温度差之间的关系，包括升温曲线测定、差热分析（Differential Thermal Analysis）（DTA）；③测量温度和热量之间的关系，即差示扫描量热法（Differential Scanning Calorimetry）（DSC）；④测量温度与尺寸之间的关系，即热膨胀法（Thermodilatometry）；⑤测量温度与力学特性的关系，包括热机械分析法（TMA）和动态热机械法（Dynamic thermomechanical analysis）（DMA）；⑥测量温度和声学特性之间的关系，包括热发声法和热传声法（Thermoacoustimetry）；⑦测量温度和光学特性的关系，即热光学法（Thermophotometry）；⑧测量温度和电学特性的关系，称为热电学法（Thermoelectrometry）；⑨测量温度和磁学特性的关系，称为热磁学法（Thermomagnetometry）。热分析的定义明确指出，只有在程序温度下测量的温度与物理量之间的关系才被归为热分析技术。因此，热分析仪最基本的要求是能实现程序升降温。

差示扫描量热法（Differential scanning calorimetry）是指在程序温度下，测量输入到被测样品和参比物的功率差与温度（或时间）关系的技术。对于不同类型的DSC，"差示"一词有不同的含义，对于功率补偿型，指的是功率差，对于热流型，指的是温度差；扫描是指程序温度的升降。热差示扫描量热仪（Differential Scanning Calorimeter，DSC）可以分为功率补偿型和热流型两种基本类型，如下图所示。

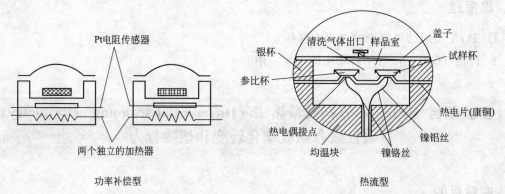

功率补偿型　　　　　　　　　　　　热流型

Pyris Diamond DSC的使用温度范围为−170～730℃。试样和参比物分别放在两个完全独立的量热计（炉子）中，由于使用超轻的炉子，可实现更快速的可控升降温。Diamond DSC同装有Pyris软件的计算机相连，通过温度控制程序控制整台设备。通过控制软件，可以让温度从某一值线性变到另一值，以研究试样有吸放热效应的某些转变，比如熔融

（Melting）、玻璃化转变（Glass transition）、固化转变（Solid-state transition）和结晶（Crystallization）。

四、仪器与材料

Pyris Diamond 差示扫描量热仪、聚丙烯、尼龙。

五、操作步骤

1. 制作样品

样品的质量一般称取 6～10mg。由于质量很小，所以称取时要有较好的耐心及较稳的手法。在样品压制时，最好有使用经验的人员在场进行指导或进行示范演示。因为对压机不当的使用可能会造成不可逆损坏。压头和底座应分类存放，严禁混淆。样品压制时，一定要保证坩埚把盖子包裹住，防止在测试样品时发生泄漏，对炉子造成污染。

2. 开机

（1）打开电脑。

（2）打开炉子净化气体和块净化气体的气体开关，压力都调至 1.5MPa 左右（先开总开关，逆时针为开，然后把压力调节阀打开，旋紧为开）。

炉子净化气体流经 DSC 主机并从主机后部的白塑料管中排出，经常将该白塑料管侵入烧杯液体表面来观察气体的流速。通入该氮气的目的是将炉子内部的杂质和水分吹出，以保证炉子干净不受污染。

块净化气体主要在炉块周围形成氮气的帘幕，在低温操作中避免炉块结霜。尽管在低温操作中，该按钮是一直打开的，但只有在打开盖子加样时才有气流通过炉块，盖上炉盖后大概有 10s 的延迟，之后气体自动关闭。块净化气体的压力调到 9～12psi（1psi＝6.895kPa）（压力表在 DSC 主机的右后部）。

（3）打开制冷机电源（先开后面开关，再开前面的开关）。

（4）打开 DSC 电源（DSC 主机后部）并联机；在软件的控制面板中将"炉盖加热器"开关、"炉块保护气体"开关打开（如下图）。

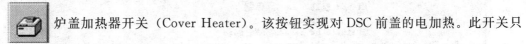 炉盖加热器开关（Cover Heater）。该按钮实现对 DSC 前盖的电加热。此开关只能在低温操作下打开。

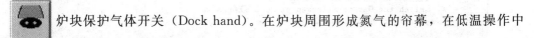 炉块保护气体开关（Dock hand）。在炉块周围形成氮气的帘幕，在低温操作中避免炉块结霜。没有必要在常温操作模式下使用。尽管在低温操作中，该按钮是一直打开的，但只有在打开盖子加样时才有气流通过炉块，盖上炉盖后大概有 10s 的延迟，之后气体自动关闭。

开机后一般要预冷 2h 以上，以保证系统的稳定。

3. 测量样品

进入方法编辑状态。方法编制界面共有四个页面，分别是样品信息页面（Sample Info Page）、初始状态页面（Initial State Page）、程序页面（Program Page）和浏览程序页面（View Program Page）。

（1）样品信息页面

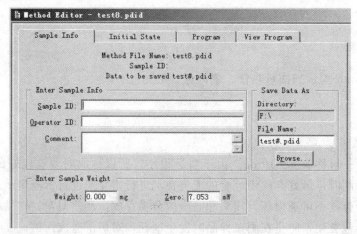

在样品信息页面中，有些参数是非必需的，而是为了增加对 DSC 数据的描述性而设计的。通常测量时我们只填入以下的参数。

样品标示（Sample ID）：最长可输入 40 个字符，用于对样品进行标示（非必需）。

样品质量（Weight）：输入以 mg 为单位的样品质量，默认为 1.000mg。（必需）。

文件名（File name）：输入数据文件名，DSC 采集到的数据将以此名保存到计算机中。默认的文件名是 QSAVE. pdid。（必需）。

路径选择（Browse）：选择默认路径以外的其他路径存放数据文件。

（2）初始状态页面

一般只需在 Set Initial Values 一栏中，设定 temperature（起始温度），根据被测样品的实际情况而定，作样品前，应对样品的性质有大概的了解，比如特征转变温度大概在什么范围、与样品皿是否发生反应、扫描过程中是否会有有毒气体逸出等。知道了样品的特征转变温度，一般在此温度前后各添加 50℃。

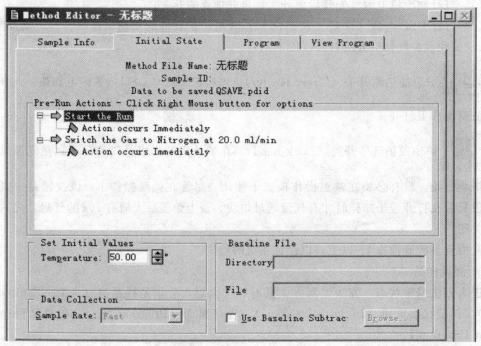

（3）程序页面

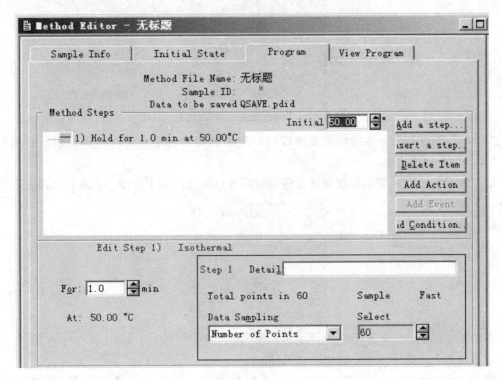

在 Method Steps 列表中，显示的是温度程序。如果用户在上一页面（初始状态页面）中没有更改初始温度，在此页面中还有更改的机会。

在"Data Sampling Options"中，用户可以改变每一个步骤的数据点密度，即数据采集的快慢。可以直接规定数据点的多少（Number of Points）；也可以规定每秒钟采集多少个点（Seconds between Points）。一般情况下我们选择后者。

右边一排按钮是实现对温度程序的修改，包括添加步骤（Add a Step）、插入步骤（Insert a Step）、删除条目（Delete Item）、增加动作（Add Action）、增加事件（Add Event）和结束条件（End Condition）。

按下"Add a Step"按钮，会弹出如下对话框。

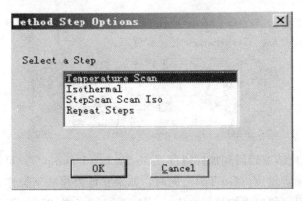

① "Temperature Scan"：温度扫描程序，可以进行升温和降温扫描。结束温度和扫描速率在左下角的编辑控件里修改，如下所示（截取自页面左下角）。

"From"温度和上一步的结束温度或用户定义的初始温度有关。"To"表示扫描的终点。"Rate"是扫描速率。

② "Isothermal"：等温温度程序，等温时间可以修改，如下所示（截取自页面左下角）。

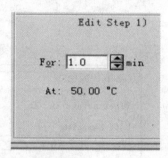

以下的两个功能不常用，这里不再赘述。

按下"Insert a Step"按钮，弹出的对话框和按下"Add a Step"弹出的对话框完全相同。区别是前者是将步骤加在当前步骤（高亮度显示）的前面，而后者是加在后面。

"Delete Item"是将当前的步骤删除。有时温度程序前后有牵连，如果当前步骤的删除对其他温度程序有影响，则软件会提示用户不能删除该步骤。这里用"Item"而不用"Step"是因为当前的方法步骤中还可能有动作（Action）和事件（Event）。

"Add Action"按钮一般不用。

"Add Event"是添加事件的命令。

"End Condition"：结束条件。在这里，用户可以指定数据采集结束后仪器应该如何动作。内容如下所示（截取自页面左下角）。

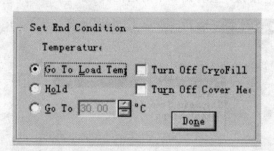

用户可以选择实验结束后回到加样温度（Go To Load Temp.），可以选择在实验结束处等温（Hold），回到指定温度（Go To）。同时，如果在低温模式下操作，用户还可以选择是否关闭液氮（CryoFill）和炉盖加热器（Cover Heater）。点击"Done"后则用户关于结束条件的修改生效。

（4）浏览程序页面

用户可以在此页面中对所有的温度程序、步骤、动作等进行浏览和检查，一旦有不合理之处，立即返回修改。

点击开始/结束按钮（Start/Stop）。当所有的准备工作就绪后（比如加样、温度程序、热流稳定等），就可以点击该按钮启动数据采集过程。再次点击则数据采集过程结束，实验数据被自动保存，程序温度以用户定义的"Go to temperature rates"速率自动回到加样温度。

六、说明及注意事项

在通常测试中，我们需要计算的一般只有峰面积（Peak Area）和玻璃化转变温度（T_g）。

峰面积（Peak Area）：点击 Calc 菜单下的 Peak Area（峰面积），该命令是进行活动曲线的峰面积以及相关计算，是不同类型的用户使用的最多的命令之一。选择该命令后，会弹出以下菜单。

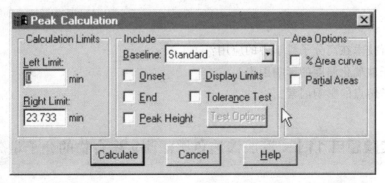

我们一般选择"Onset"、"End"、"Peak Height"，同时，会在活动曲线的两端上出现"X"，通过拖动两个"X"号来选择合适的端点，一般只要将整个峰包括在两个端点内即可，不要选得太大和太小。

玻璃化转变温度（T_g）：当物质发生玻璃化转变时，在转变前后会有比热容的变化，而

DSC 对玻璃化转变的表征是通过跟踪转变过程中的比热容变化实现的，因此，如果规定吸热向上，则在升温或降温扫描中出现在 DSC 热流曲线或比热容曲线上向上的台阶状变化可能就是玻璃化转变过程。

点击 Calc 菜单下的玻璃化转变温度（T_g），会弹出"Glass Transition"对话框，用户可以选择读取的左右端点、结果中包含的内容以及读取哪一点为玻璃化转变温度等。端点可以用鼠标直接拖动选取。选取的原则是要包括整个台阶，且端点应位于转变前后的平直的线上。

当数据分析完毕后，在当前页面的右下角点击右键，选择 Copy 命令，该命令将活动曲线的横坐标和纵坐标的所有值复制到 Windows 剪贴板上。如果该曲线上还有结果标注，则一起拷贝。然后点击 Tools 菜单下的 Tables，该命令可以产生当前活动曲线［该曲线根据 Curves 菜单下的 Heat Flow（热流）命令来显示，实现分阶段获得分析数据，即数据量（数据间隔）可由用户自己定义］的数据列表。选择后弹出如下对话框。

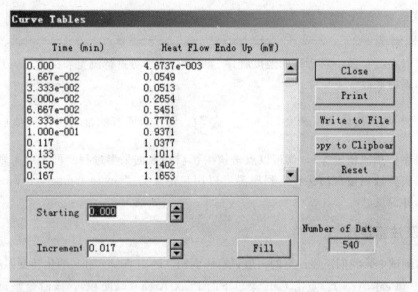

点击"Write to File"是将当前数据系列写到一个文本中。最后把该数据文件保存后关闭即可。

七、思考题

1. 热分析技术在高分子科学中的应用？
2. 高分子玻璃化温度的影响因素？
3. 高分子熔点的影响因素？

【实验题目 11】 凝胶渗透色谱法测定聚合物的分子量分布

一、实验目的

1. 了解凝胶渗透色谱（Gel permeation chromatography）的测量原理，初步掌握 GPC 的进样、淋洗、接收、检测等操作技术。

2. 掌握分子量分布曲线（Distribution curve）的分析方法，得到样品的数均分子量（The number average molecular weight）、重均分子量（Weight average molecular weight）和多分散性指数（Polydispersity Index）。

二、操作要点及相关知识预习

1. 掌握样品的制备方法及仪器的操作方法。
2. 了解聚合物分子量的测定原理。

三、实验原理

1. 分离机理

GPC 是液相色谱的一个分支，其分离部件是一个以多孔性凝胶作为载体的色谱柱，凝胶的表面与内部含有大量彼此贯穿的大小不等的空洞。色谱柱总面积 V_t 由载体骨架体积 V_g、载体内部孔洞体积 V_i 和载体粒间体积 V_0 组成。GPC 的分离机理通常用"空间排斥效应"解释。待测聚合物试样以一定速度流经充满溶剂的色谱柱，溶质分子向填料孔洞渗透，渗透概率与分子尺寸有关，分为以下 3 种情况。

（1）高分子尺寸大于填料所有孔洞孔径，高分子只能存在于凝胶颗粒之间的空隙中，淋洗体积 $V_e=V_0$ 为定值。

（2）高分子尺寸小于填料所有孔洞孔径，高分子可在所有凝胶孔洞之间填充，淋洗体积 $V_e=V_0+V_i$ 为定值。

（3）高分子尺寸介于前两种之间，较大分子渗入孔洞的概率比小分子渗入的概率要小，在柱内流经的路程要短，因而在柱中停留的时间也短，从而达到了分离的目的。当聚合物溶液流经色谱柱时，较大的分子被排除在粒子的小孔之外，只能从粒子间的间隙通过，速率较快；而较小的分子可以进入粒子中的小孔，通过的速率要慢得多。经过一定长度的色谱柱，分子根据相对分子质量被分开，相对分子质量大的在前面（即淋洗时间短），相对分子质量小的在后面（即淋洗时间长）。自试样进柱到被淋洗出来，所接受到的淋出液总体积称为该试样的淋出体积。当仪器和实验条件确定后，溶质的淋出体积与其分子量有关，分子量越大，其淋出体积越小。分子的淋出体积为：

$$V_e=V_0+KV_i \tag{1}$$

K 为分配系数，$0 \leqslant K \leqslant 1$，分子量越大越趋于 1。对于上述第（1）种情况 $K=0$，第（2）种情况 $K=1$，第（3）种情况 $0<K<1$。综上所述，对于分子尺寸与凝胶孔洞直径相匹配的溶质分子来说，都可以在 V_0 至 V_0+V_i 淋洗体积之间按照分子量由大到小一次被淋洗出来。

2. 检测机理

除了将分子量不同的分子分离开来，还需要测定其含量和分子量。实验中用示差折射仪测定淋出液的折射率与纯溶剂的折射率之差 Δn，而在稀溶液范围内 Δn 与淋出组分的相对浓度 Δc 成正比，则以 Δn 对淋出体积（或时间）作图可表征不同分子的浓度。图 1 为折射率之差 Δn（浓度响应）对淋出体积

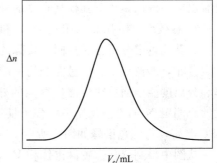

图 1 折射率之差 Δn 对淋出体积作图得到的 GPC 示意谱图

（或时间）作图得到的 GPC 谱图示意图。

3. 校正曲线（Calibration curve）

用已知相对分子质量的单分散标准聚合物预先做一条淋洗体积或淋洗时间和相对分子质量对应关系曲线，该线称为"校正曲线"。聚合物中几乎找不到单分散的标准样，一般用窄分布的试样代替。在相同的测试条件下，做一系列的 GPC 标准谱图，对应不同相对分子质量样品的保留时间，以 $\lg M$ 对 t 作图，所得曲线即为"校正曲线"；用一组已知相对分子质量的单分散性聚合物标准试样，以它们的峰值位置的 V_e 对 $\lg M$ 作图，可得 GPC 校正曲线（如图 2）。

由图 2 可见，当 $\lg M > a$ 与 $\lg M < b$ 时，曲线与纵轴平行，说明此时的淋洗体积与试样分子量无关。$V_0 + V_i \sim V_0$ 是凝胶选择性渗透分离的有效范围，即为标定曲线的直线部分，一般在这部分分子量与淋洗体积的关系可用简单的线性方程表示：

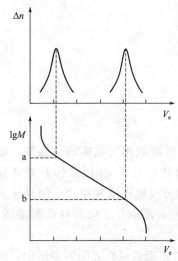

图 2 GPC 校正曲线示意

$$\lg M = A + B V_e \tag{2}$$

式中，A、B 为常数，与聚合物、溶剂、温度、填料及仪器有关，其数值可由校正曲线得到。

对于不同类型的高分子，在分子量相同时其分子尺寸并不一定相同。用 PS 作为标准样品得到的校正曲线不能直接应用于其他类型的聚合物。而许多聚合物不易获得再分布的标准样品进行标定，因此希望能借助于某一聚合物的标准样品在某种条件下测得的标准曲线，通过转换关系在相同条件下用于其他类型的聚合物试样。这种校正曲线称为普适校正曲线。根据 Flory 流体力学体积理论，对于柔性链当下式成立时两种高分子具有相同的流体力学体积，则有下式成立：

$$[\eta]_1 M_1 = [\eta]_2 M_2 \tag{3}$$

再将 Mark-Houwink 方程 $[\eta] = K M^\alpha$ 代入式（3）可得：

$$\lg M_2 = \frac{1}{1+\alpha_2} \lg \frac{K_1}{K_2} + \frac{1+\alpha_1}{1+\alpha_2} \lg M_1 \tag{4}$$

由此，如已知在测定条件下两种聚合物的 K、α 值，就可以根据标样的淋出体积与分子量的关系换算出试样的淋出体积与分子量的关系，只要知道某一淋出体积的分子量 M_1，就可算出同一淋出体积下其他聚合物的分子量 M_2。

4. 柱效率（Column efficiency）和分离度（Separate Degree）

与其他色谱分析方法相同，实际的分离过程非理想，同分子量试样在 GPC 上的谱图有一定分布，即使对于分子量完全均一的试样，其在 GPC 的图谱上也有一个分布。采用柱效率和分离度能全面反映色谱柱性能的好坏。色谱柱的效率是采用"理论塔板数" N 进行描述的。测定 N 的方法使用一种分子量均一的纯物质，如邻二氯苯、苯甲醇、乙腈和苯等作 GPC 测定，得到色谱峰如图 3 所示。

从图中得到峰顶位置淋出体积 V_R，峰底宽 W，按照式（5）计算 N：

$$N = 16(V_R/W)2 \tag{5}$$

对于相同长度的色谱柱，N 值越大意味着柱子效率越高。

GPC柱子性能的好坏不仅看柱子的效率，还要注意柱子的分辨能力，一般采用分离度 R 表示：

$$R = 2(V_2 - V_1)/(W_1 + W_2) \qquad (6)$$

如图3所示的完全分离情形，此时 R 应大于或等于1，当 R 小于1时分离是不完全的。为了相对比较色谱柱的分离能力，定义比分离度 R_s，它表示分子量相差10倍时的组分分离度，定义为：

$$R_s = 2(V_2 - V_1)/(W_1 + W_2)(\lg Mw_1 - \lg Mw_2) \qquad (7)$$

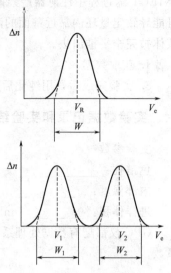

图3　柱效率和分离度示意

四、主要仪器设备

1. 仪器

Waters 1515 Isocratic HPLC 型凝胶色谱仪（带有示差折光检测装置，B型号色谱管×2），如图4所示。凝胶色谱仪主要由输液系统、进样器、色谱柱（可分离分子量范围 $2\times10^2 \sim 2\times10^6$）、示差折光仪检测器、记录系统等组成。

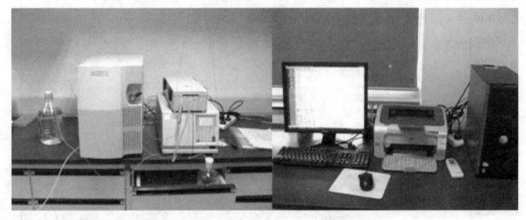

图4　Waters 1515 Isocratic HPLC 型凝胶色谱仪

2. 试剂

质量分数为3‰的聚苯乙烯溶液试样、一系列不同分子量的窄分布聚苯乙烯溶液、四氢呋喃。

五、操作方法和实验步骤

1. 调试运行仪器：选择匹配的色谱柱，在实验条件下测定校正曲线（一般是40℃）。这一步一般由任课老师事先准备。

2. 配制试样溶液：使用纯化后的分析纯溶剂配制试样溶液，浓度3‰。使用分析纯溶剂，需经过分子筛过滤，配置好溶液需静置一天。这一步一般由任课老师事先准备。

3. 用注射器吸取四氢呋喃，进行冲洗，重复几次。然后吸取5mL试样溶液，排除注射器内的空气，将针尖擦干。将六通阀扳到"准备"位置，将注射器插入进样口，调整软件及仪器到准备进样状态，将试样液缓缓注入，而后迅速将六通阀扳到"进样"位置。将注射器拔出，并用四氢呋喃清洗。抽取试样时注意赶走内部的空气；试样注入至调节六通阀至

INJECT 的过程中注射器严禁抽取或拔出。在注入试样时,进样速度不宜过快。速度过快,可能导致定量环内靠近壁面的液体难以被赶出,而影响进样的量;稍慢可以使定量环内部的液体被完全平推出去。

4. 获取数据。

5. 实验完成后,用纯化后的分析纯溶剂流过清洗色谱柱。

六、实验数据记录和实验结果分析处理

实验参数:

色谱柱:_____

内部温度:_____ 外加热器温度:_____ 流量:_____

进样体积:_____ mL

GPC 仪都配有数据处理系统,同时给出 GPC 谱图(图 5)和各种平均分子量和多分散系数。

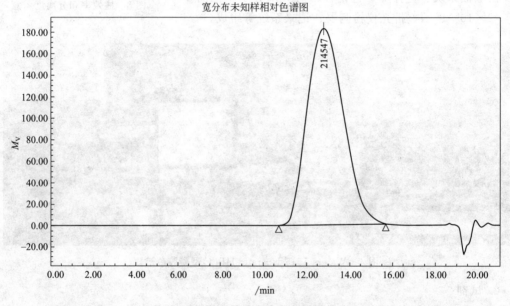

图 5 GPC 仪器给出宽分布未知样色谱图

切片面积对淋出体积(时间)作图得到样品淋出体积与浓度的关系,以切片分子量对淋出体积(时间)作图得到淋出体积与分子量的关系。记 i 为切片数,A_i 为切片面积,则第 i 级分的重量分率 w_i 为 $w_i = \dfrac{A_i}{\Sigma A_i}$

第 i 级分的重量累计分数 I_i 为 $I_i = \dfrac{1}{2}w_i + \sum_{i=1}^{i-1} w_i$

数均分子量 M_n 为 $\overline{M_n} = \dfrac{1}{\sum\limits_i \dfrac{w_i}{M_i}}$

重均分子量 M_w 为 $\overline{M_w} = \sum\limits_i w_i M_i$

分散度 d 为 $d = \dfrac{\overline{M_w}}{\overline{M_n}}$。

以 I_i 对 M_i 作图，得到积分分子量分布曲线；以 w_i 对 M_i 作图，得到微分分子量分布曲线。

七、思考题

1. GPC 方法测定分子量为什么属于间接法？总结一下测定分子量的方法，哪些是绝对方法？哪些是间接方法？其优缺点如何？

2. 列出实验测定时某些可能的误差，对分子量的影响如何？

【实验题目 12】 旋转流变仪（Rotational rheometer）测定聚合物流变特性（Rheology）

一、实验目的

1. 了解平行平板流变仪的测量原理及测量方法。
2. 测试不同温度下聚合物熔体的流动曲线，计算零剪切黏度和流动活化能。

二、操作要点及相关知识预习

1. 了解聚合物流体流动行为的特点。
2. 零剪切黏度、流动活化能与聚合物的结构有何关系。

三、实验原理

1. 平行平板流变仪测量原理

平行平板流变仪的剪切速率极低。扭转流动发生在两个平行的圆盘之间（图 1）。圆盘的半径为 R，两圆盘之间的距离为 H，上圆盘以角速度 ω 旋转，施加的扭矩为 M。

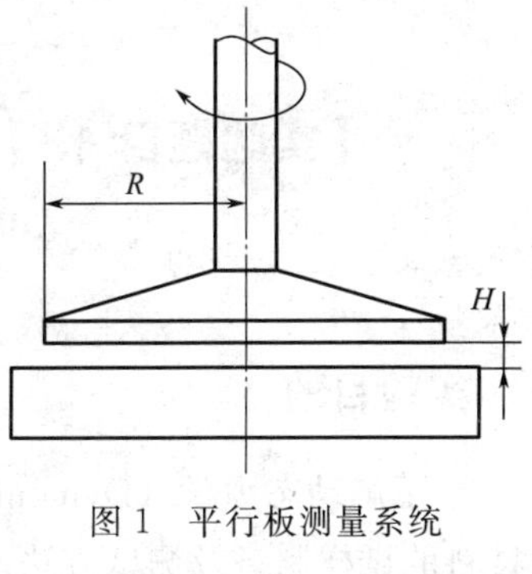

对扭转流动采用柱面坐标进行分析。非零剪切应力分量为 $\sigma_{z\theta}$，作用在 z 面上，方向为 θ 方向，即切线方向。在扭转流动中，只有 θ 方向的流动，圆盘边缘的剪切速率为：

$$\mathrm{d}\gamma/\mathrm{d}h = R\omega/H$$

剪切应力为：

$$\sigma = (2M)/(\pi R^3)$$

图 1 平行板测量系统

得到测定黏度的基本公式为：

$$\eta = \sigma/(\mathrm{d}\gamma/\mathrm{d}h) = (2MH)/(\pi R^4 \omega)$$

2. 零剪切黏度的影响因素

零剪切黏度的影响因素包括温度、分子量、浓度等，很多时候零剪切黏度可以作为分子量的量度。大多数流体其温度对黏度的影响可以采用 Arrhenius 方程来描述：

$$\eta = A\mathrm{e}^{\Delta E/RT}$$

ΔE 称为流动活化能。流动活化能越大，温度对黏度的影响越大。在不同的温度下测得零剪切黏度可求得流动活化能。

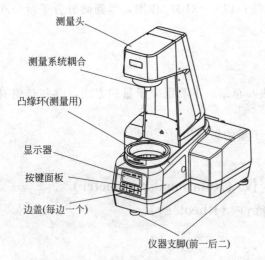

测量头

测量系统耦合

凸缘环(测量用)

显示器

按键面板

边盖(每边一个)

仪器支脚(前一后二)

图 2　Physica MCR 301 旋转和扭振动流变仪

3. Physica MCR 301 旋转和振动流变仪介绍

Physica MCR 301 旋转和振动流变仪（Anton Paar）如图 2 所示。Physica MCR 301 流变仪控制方式有两种，既可以控制速率也可以控制应力。控制速率的方式可以进行恒定剪切速率、剪切速率扫描、应力松弛和振动等试验。要进行蠕变试验，或要求在很低剪切速率下的响应特性，以及求弹性回复等就要用控制应力的方式。当进行低剪切速率下的流动曲线试验时，计算机将设定的应力信号输给电动机，电动机和平行平板轴之间有空气轴承传动以保证平行平板位置的恒定和传动摩擦力趋向零。电动机使平板旋转，使试样剪切的应力等于设定值，并将形变值传给计算机。

四、实验步骤

1. 打开压缩空气，启动流变仪主机、温度控制器和电脑，等待主机启动。
2. 打开流变仪软件 Rheoplus，选择模板，输入参数，运行实验。
3. 实验结束，运行分析软件，进行数据处理。

五、讨论

1. 分子量对熔体零剪切黏度的影响规律如何，怎样根据本法测量分子量？
2. 测定表观流动活化能有什么实际意义？

【实验题目 13】　聚合物材料的动态力学性能（Dynamic mechanical properties）测试

一、实验目的

1. 了解动态力学（Dynamic mechanical）分析原理及仪器结构，掌握动态力学分析聚合物材料的试样制备及测试方法。
2. 了解聚合物黏弹特性（Viscoelastic properties），学会从分子运动的角度来解释高聚物的动态力学行为，掌握动态力学分析在聚合物分析中的应用。

二、操作要点及相关知识预习

1. 掌握动态力学性能测试聚合物样品的制备和测试条件的选择。

2. 了解动态力学性能参数与聚合物结构与性能之间的关系。

三、实验原理

高聚物是黏弹性材料之一，具有黏性和弹性固体的特性。它一方面像弹性材料具有贮存性能，这种特性不消耗能量；另一方面，它又具有像非流体静应力状态下的黏液，会损耗能量而不能贮存能量。当高分子材料形变时，一部分能量变成位能，一部分能量变成热而损耗。能量的损耗可由力学阻尼（Mechanical damping）或内摩擦（Internal friction）生成的热得到证明。材料的内耗是很重要的，它不仅是性能的标志，而且也是确定它在工业上的应用和使用环境的条件。

如果一个外应力作用于一个弹性体，产生的应变正比于应力，根据虎克定律，比例常数就是该固体的弹性模量（Modulus of elasticity）。形变时产生的能量由物体贮存起来，除去外力物体恢复原状，贮存的能量又释放出来。如果所用应力是一个周期性变化的力，产生的应变与应力同位相，过程也没有能量损耗。假如外应力作用于完全黏性的液体，液体产生永久形变，在这个过程中消耗的能量正比于液体的黏度，应变落后于应力 90°，如图 1(a) 所示。图 1(b)是典型的黏弹性材料对正弦应力的响应。正弦应变落后一个相位角。应力和应变可以用复数形式表示如下：

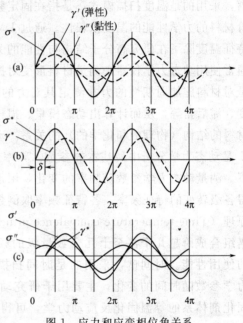

图 1　应力和应变相位角关系

$$\sigma^* = \sigma_0 \exp(i\omega t)$$
$$\gamma^* = \gamma_0 \exp[i(\omega t - \delta)]$$

式中，σ_0 和 γ_0 为应力和应变的振幅；ω 是角频率；i 是虚数。用复数应力 σ^* 除以复数形变 γ^*，便得到材料的复数模量。模量可能是拉伸模量和切变模量等，这取决于所用力的性质。为了方便起见，将复数模量分为两部分，一部分与应力同位相，另一部分与应力差一个 90°的相位角，如图 1(c) 所示。对于复数切变模量

$$E^* = E' + iE''$$

式中

$$E' = |E^*| \cos\delta$$
$$E'' = |E^*| \sin\delta$$

显然，与应力同位相的切变模量给出样品在最大形变时弹性贮存模量（Storage modulus），而有相位差的切变模量代表在形变过程中消耗的能量。在一个完整周期应力作用内，所消耗的能量 ΔW 与所贮存能量 W 之比，即为黏弹性物体的特征量，叫做内耗。它与复数模量的直接关系为：

$$\frac{\Delta W}{W} = 2\pi \frac{\Delta E''}{E'} = 2\pi \tan\delta$$

这里 $\tan\delta$ 称为损耗角正切。

研究材料的动态力学性能就是要精确测量各种因素（包括材料本身的结构参数及外界条件）对动态模量（Dynamic modulus）及损耗因子（Dissipation factor）的影响。聚合物的性质与温度有关，与施加于材料上外力作用的时间有关，还与外力作用的频率有关。当聚合物作为结构材料使用时，主要利用它的弹性、强度，要求在使用温度范围内有较大的贮能模量。聚合物作为减震或隔声材料使用时，则主要利用它们的黏性，要求在一定的频率范围内有较高的阻尼。当作为轮胎使用时，除应有弹性外，同时内耗不能过高，以防止生热脱层爆破，但是也需要一定的内耗，以增加轮胎与地面的摩擦力。为了了解聚合物的动态力学性能，有必要在宽广的温度范围对聚合物进行性能测定，简称温度谱。在宽广的频率范围内对聚合物进行测定，简称频率谱。在宽广的时间范围内对聚合物进行测定，简称时间谱。温度谱，采用的是温度扫描模式，是指在固定频率下测定动态模量及损耗随温度的变化，用以评价材料的力学性能的温度依赖性。通过 DMTA 温度谱可得聚合物的一系列特征温度，这些特征温度除了在研究高分子结构与性能的关系中具有理论意义外，还具有重要的实用价值。通常使用动态力学仪器来测量材料形变对振动力的响应、动态模量和力学损耗。其基本原理是对材料施加周期性的力并测定其对力的各种响应，如形变、振幅、谐振波、波的传播速度、滞后角等，从而计算出动态模量、损耗模量、阻尼或内耗等参数，分析这些参数变化与材料的结构（物理的和化学的）的关系。动态模量 E'、损耗模量 E''、力学损耗 $\tan\delta = E''/E'$ 是动态力学分析中最基本的参数。频率谱采用的是频率扫描模式，是指在恒温、恒应力下，测量动态力学参数随频率的变化，用于研究材料力学性能的频率依赖性。从频率谱可获得各级转变的特征频率，各特征频率取倒数，即得到各转变的特征松弛时间。利用时温等效原理（Time-temperature equivalence principle）还可以将不同温度下有限频率范围的频率谱组合成跨越几个甚至十几个数量级的频率主曲线，从而评价材料的超瞬间或超长时间的使用性能。时间谱，采用的是时间扫描模式，是指在恒温、恒频率下测定材料的动态力学参数随时间的变化，主要用于研究动态力学性能的时间依赖性。例如用来研究树脂-固化剂体系的等温固化反应动力学，可得到固化反应动力学参数凝胶时间、固化反应活化能等。

四、实验设备和材料

仪器 DMA Q800 是由美国 TA INSTRUMENTS 公司生产的新一代动态力学分析仪（图 2）。它采用非接触式线性驱动电动机代替传统的步进电动机直接对样品施加应力，以空气轴承取代传统的机械轴承以减少轴承在运行过程中的摩擦力，并通过光学读数器来控制轴承位移，精确度达 1nm；配置多种先进夹具（如三点弯曲、单悬臂、双悬臂、夹心剪切、压缩、拉伸等夹具），可进行多样的操作模式，如共振、应力松弛、蠕变、固定频率温度扫描（频率范围为 0.01~210Hz，温度范围为 -180~600℃）、同时多个频率对温度扫描、自动张量补偿功能、TMA 等，通过随机专业软件的分析可获得高解析度的聚合物动态力学性能方面的数据。（测量精度：负荷 0.0001N，形变 1nm，$\tan\delta$ 为 0.0001，模量 1%）。本实验使用单悬臂夹具进行试验（图 3）。

聚甲基丙烯酸甲酯（PMMA）长方形样条。试样尺寸要求：长 $a = 35~40$mm；宽 $b \leqslant 15$mm；厚 $b \leqslant 5$mm。准确测量样品的宽度、长度和厚度，各取平均值记录数据。

图 2　DMA Q800 动态力学分析仪

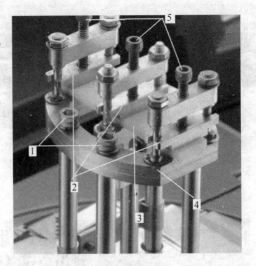

图 3　单悬臂夹具示意
1—六角螺母；2—可动钳；3—样品；
4—夹具固定部分；5—中央锁母

五、实验步骤

1. 仪器校正（包括电子校正、力学校正、动态校正和位标校正，通常只作位标校正）
将夹具（包括运动部分和固定部分）全部卸下，关上炉体，进行位标校正（Position calibration），校正完成后炉体会自动打开。

2. 夹具的安装、校正（夹具质量校正、柔量校正），按软件菜单提示进行。

3. 样品的安装。

4. 实验程序。

5. 将试样取出，若有污染则需予以清除。

6. 关机。

六、数据处理

打开数据处理软件"thermal analysis"，进入数据分析界面。打开需要处理的文件，应用界面上各功能键从所得曲线上获得相关的数据，包括各个选定频率和温度下的动态模量 E'、损耗模量 E'' 以及阻尼或内耗 $\tan\delta$，列表记录数据。

七、思考题

1. 什么叫聚合物的力学内耗（Mechanical friction）？聚合物力学内耗产生的原因是什么？研究它有何重要意义？

2. 为什么聚合物在玻璃态、高弹态时内耗小，而在玻璃化转变区内耗出现极大？为什么聚合物在从高弹态向黏流态转变时，内耗不出现极大值而是急剧增加？

3. 试从分子运动的角度来解释 PMMA 动态力学曲线上出现的各个转变峰的物理意义。

高分子加工实验

（Experiments of Polymer Processing）

【实验题目1】 双螺杆挤出机（Twin screw extruder）聚乙烯挤出造粒（Granulating）实验

一、实验目的

1. 了解双螺杆挤出机（Twin screw extruder）及辅机（Auxiliary machine）的结构和工作原理。

2. 掌握聚乙烯（Polyethylene）加工操作过程和工艺参数的调节。

二、操作要点及相关知识预习

1. 操作要点：双螺杆挤出机的操作；造粒机（Granulator）的操作。

2. 相关知识预习：塑料的挤出成型工艺（Extrusion molding process）及其原理；聚乙烯的结构与基本性质。

三、实验原理

挤出成型（Extrusion molding）是连续件生产过程，由挤出机（Extruder）（主机）、机头（Die）（口模）和辅机（Auxiliary machine）协同作用完成。挤出机有单螺杆挤出机（Single screw extruder）和双螺杆挤出机（Twin screw extruder）之分，后者是在前者基础上发展起来的，目前两者均较常用。挤出机在成型过程中的作用是熔融塑化和输送原料。机头构成熔体流道，引导聚合物分子优先排列，形成适当的结构分布，赋予熔体一定的几何形状和密实度。辅机包括定型装置（Sizing system）、冷却装置（Cooling system）、牵引装置（Drawing device）等。牵引装置除了引离挤出物，维持连续性生产外，还有调节聚合物熔体分子取向作用，控制制品尺寸和物理力学性能的作用。造粒装置可以将物料切割成粒料（Granule）。

四、设备原料

1. 设备：双螺杆挤出机，南京科亚 SK-36；造粒机，南京科亚生产。

2. 原料：LDPE 粒料，挤出级。

五、操作步骤

1. 挤出机预热（Preheat）升温。依次接通挤出机总电源和料筒加热开关，调节加热各段温度仪表设定值至操作温度（Operating temperature），根据实验原料 PE 的特性，初步拟定螺杆转速（Screw speed）和各段加热温度，同时拟定其他操作工艺条件。

2. 启动油泵电动机。约 5～10min 后，将主电动机调速旋钮调至零位，然后启动主电动机。调速过程要缓慢、均匀，转速逐渐升高、要注意主电动机电流的变化，一般在较低的转速（如 20～30r/min）下运转几秒，待有熔融的物料从机头挤出后，再继续提高转速。

3. 启动喂料系统（Feeding system）。首先将喂料机调速按钮调至零位，关闭料斗下方出料闸板（Discharging gate），把 HDPE 倒入料斗，然后打开出料闸板，启动喂料电动机，调整喂料电动机的转速，在调速过程中密切注意主电动机电流的变化，要适当控制喂料量（由喂料电机的转速决定），以避免挤出机负荷过大；随着主机转速的提高，喂料量可适当增加。

4. 启动牵引装置（Drawing device）及切割（Cutting）等辅助装置，造粒。

六、说明及注意事项

1. 熔体被挤出前，操作者不能位于口模的正前方，以防以外伤人。操作时严防金属杂质和小工具落入挤出机筒内。

2. 清理挤出机和口模时，只能用铜刀棒或压缩空气（Compressed air），切记损伤螺杆（Screw）和口模（Die）的光洁表面。

3. 过程要密切注意各项工艺条件的稳定，不应该有所波动。

七、思考题

比较单螺杆和双螺杆挤出机在熔融塑化和输送原料方面有什么区别？

【实验题目2】 塑料的注塑成型（Injection molding）

一、实验目的

1. 掌握注射机（Injection machine）的结构特点及操作程序。

2. 熟悉注塑成型标准测试样的模具结构（Mold constructure）、成型条件（Molding condition）和对制件的外观要求。

3. 掌握注塑成型（Injection molding）工艺条件与注射制品质量的关系。

二、操作要点及相关知识预习

1. 操作要点：注射机的操作；注射机成型工艺参数的设定与调节。

2. 相关知识预习：注射机的基本结构、工作原理和安全操作；模具（Mold）的基本机构；塑料的规格与成型工艺（Molding process）特点。

三、实验原理

大多数热塑性塑料（Thermoplastics）和复合材料（Composite）的材料性能测试样都

用注射成型方法制备。制备标准测试样的过程，首先是根据材料性能测试的相关标准或材料提供者的要求，选定模具的结构和注塑条件，然后由螺杆推挤到闭合的模具型腔中冷却定型（Cooling and sizing）成试样的过程。注射成型是间歇式的操作，每个周期由以下操作步骤组成：模具的闭合→充模→保压→冷却→塑料预塑化→开模顶出制品。

1. 模具的闭合（Mold clamping）

动模前移，快速闭合。在与动模将要接触时，依靠合模系统的自动切换成低压，提供试合模压力、低速，最后换成高压将模具合紧。

2. 充模（Mold filling）

模具闭合后，注射机机身前移使喷嘴（Nozzle）与模具贴合。油压推动与油缸活塞杆（plunger）相连接的杠杆前进，将螺杆头部前面已均匀塑化的物料以规定的压力和速度注射入模腔，直到熔体充满模腔为止。

3. 保压（Holding pressure）

熔体充模完成后，螺杆施加一定的压力，保持一定的时间，为模腔内熔体因冷却收缩而进行补塑，使制品脱模是不至于缺料。保压时螺杆将向前稍作移动。

4. 冷却（Cooling）

保压时间到达后，模腔内熔体自由冷却到固化的过程，其间需要控制冷却的温度和时间。

5. 塑料预塑化（Preplasticizing）

制品冷却时，螺杆转动并后退，塑料则进入料筒进行塑化并计量，为下次注塑做准备，此为塑料的预塑化。

6. 开模顶出制品

制品冷却固化后，模具开启，推杆定出制品或手动脱除制品。

四、设备原料

1. 注射机：海天天翔 SA 系列，如下所示。

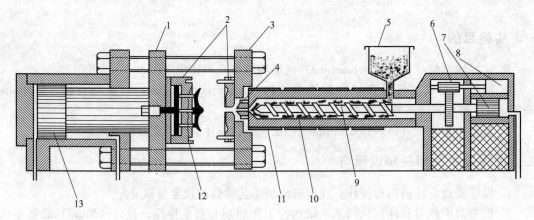

移动螺杆式注射机结构示意

1—动模板（Moving platen）；2—注射模具（Injection mold）；3—定模板（Stationay platen）；4—喷嘴（Nozzle）；
5—料斗（Hopper）；6—螺杆传动齿轮（Screw transmission gear）；7—注射油缸（Injection cylinder）；
8—液压泵（Hydraulic pump）；9—螺杆（Screw）；10—加热料筒（Heating cylinder）；
11—加热器（Heater）；12—顶出杆（销）；13—锁模油缸（Clamping cylinder）

2. 原料：各种热塑性塑料。

本实验采用中石化燕山石化生产的均聚聚丙烯，牌号为 1400。

五、操作步骤

1. 阅读使用注塑机的资料，了解机器的工作原理、安全要求及使用程序。了解原料的规格、成型工艺特点及试样的质量要求，参考有关的试样成型工艺条件介绍、初步拟出实验条件：原料的干燥条件（Drying condition）；料筒温度（cylinder temperature）和喷嘴温度（Nozzle temperature）；螺杆转速（Screw speed）、背压及加料量（Backpressure and feeding amount）；注射速度（Injection speed）和注射压力（Injection pressure）；保压压力（Holding pressure）和保压时间（Holding pressure time）；模具温度（Mold temperature）和冷却时间（Cooling time）；制品的后处理条件（Post-processing conditions of products）。

2. 依次接通注塑机电源、注塑机和模具加热开关，接通冷却水管，调节注塑机加热各段温度控制仪表的设定温度直至操作温度。当预热温度升至设定温度之后，恒温 20～30min。操作温度参考值：料筒 200～240℃，模具 50～90℃。

3. 接通控制板开关，设置注射压力、预塑量、注射速度、注射时间、冷却时间等工艺参数。

4. 启动主机，用手动进行合模操作，安装好多功能试样标准模具。

5. 加入聚丙烯，用手动操作方法，依次施行闭模，注射装置前移，预塑程序，注射装置后移，用慢速度进行对空注射，同时清洗料筒。

观察从喷嘴射出的料条有无离模膨胀和不均匀收缩现象。如料条光滑明亮，无变色、银丝和气泡，说明原料质量及预塑程序的条件基本适用，可以制备试样。

6. 用手动操作方式，依次进行闭模-注射装置前移-注射（充模)-保压-预塑/冷却-注射装置后移-开模-顶出制品等操作。

动作中读出注射压力（表值）、螺杆前进的距离和时间、保压压力（表值）、缓冲垫厚度、背压（表值）及螺杆转速等数值。记录料筒温度、喷嘴加热值、注射-保压时间、冷却时间和成型周期。记录最大压力、最大速度、最大注塑量等设备参数。

从取得的缺料制品观察熔体某一瞬间在流道内的流速分布，由制得试样的外观质量判断实验条件是否恰当，调整不当的实验条件。

7. 采用半自动（Half-automatic）操作方式，在确定的实验条件下，连续稳定制取 5 模作为第一组试样。然后依次改变注射速度、注射压力、保压时间、冷却时间、料筒温度工艺条件，相应制取剩余组试样。

值得注意的是，在实验时，每次调节料筒温度后应有适当的恒温时间。制备各组试样时，用测温计分别测量熔体温度，动模、定模的型腔面上 3 个不同位置的温度。记录每组试样成型时的工艺条件

8. 按 GB 1039—79 或本实验标准观察每组试样的外观质量，记录实验条件不同导致试样外观质量变化的情况。

六、说明及注意事项

根据实验的要求可选用点动、手动、半自动、全自动和光电启动等 5 种操作方式，进行实验演示。实验开关设在操作箱内。

1. 电动：调整模具适宜选用慢速点动操作，以保证校模操作的安全性（料筒必须没有塑化的冷料存在）。

2. 手动：选择开关在"手动"位置，调整注射和保压时间继电器，关上安全门。每按一次按钮，就相当于完成一个动作，必须顺序一个动作做完才按另一个动作按钮。一般是在试车、试制、校模时选用手动操作。

3. 半自动（Half-automatic）：将选择开关选择至"半自动"位置，关好安全门，则各种动作会按工艺程序自动进行。即依次完成闭模（Mold clamping）、稳压（Pressure stablizing）、注座前进、注射（Injecting）、保压（Packing）、预塑（Preplasticizing）（螺杆转动并后退）、注座后退、冷却、启模和顶出。开安全门，取出制品。

4. 全自动（Full-automatic）：将选择开关选择至"半自动"位置，关好安全门，则机器自行会按照工艺程序工作，最后由顶出杆顶出制品。由于光电管的作用，各动作周而复始，无须打开安全门，要求模具有完全可靠的自动脱模装置。

5. 不论采用哪一种操作方式，主电动机的启动、停止及电子温度控制通电的按钮主令开关均须手动操作才能进行。

6. 除点动操作以外，不论何种操作方式，均设有冷螺杆保护作用。在加热温度没有达到工艺要求的温度之前，即电子温度控制仪所调正的温度，螺杆不能转动，防止机筒内冷料启动，造成机筒和螺杆的损坏，但为了空车运行，自动循环时，可将温控仪的温度指示调到零位。

7. 在行驶操作时，须把限位开关及时间继电器调整到相应的位置上。

七、思考题

1. 在选择料筒温度（Cylinder temperature）、注射速度、保压压力、冷却时间的时候，应该考虑哪些问题？

2. 从聚丙烯的化学结构、物理结构分析其成型工艺性能的特点？

3. 注射成型厚壁的制品，容易出现哪些质量缺陷？如何从成型工艺上给予改善？

4. 消除试样中内应力集中（Internal stress concentration）的方法有哪些？如何克服试样中气泡和表面凹陷现象？

【实验题目3】 吹塑薄膜（Film blowing）

一、实验目的

1. 掌握吹塑薄膜成型方法及工艺。
2. 了解影响薄膜成型和质量的因素。

二、操作要点及相关知识预习

1. 操作要点：吹塑机（Blow molding machine）的操作；吹塑机成型工艺参数的设定与调节。

2. 相关知识预习：吹塑机的基本结构，吹塑薄膜成型方法和工艺特点，塑料的规格与成型工艺特点。

三、实验原理

吹塑薄膜成型在原理上可分为以下三个阶段。

挤出型坯（Parison extruding），将高压聚乙烯 PE 加入挤出机料筒中，经料筒加热熔融塑化，在螺杆的强制挤压下通过口模挤出成型管形的型胚。

吹胀型坯（Parison blowing），用夹板夹持型胚使成密闭泡管，然后从口模通入压缩空气吹胀型坯。

冷却成型（Cooling molding），在压缩空气和牵引冷却辊的作用下，吹胀型胚受到纵横向的拉伸变薄，并同时冷却定型成薄膜。

塑料薄膜可以用压延法（calendering）、流延法（Casting）、挤出吹塑（Extrusion blow molding）以及 T 形机头挤出拉伸（Extrusion drawing）等方法制作。其中挤出吹塑法生产薄膜最经济、设备和工艺也比较简单、操作方便、适应性强；所生产的薄膜幅宽、厚度范围大；吹塑过程中膜的纵横向分子都得到拉伸取向，强度较高。因此。吹塑法已广泛用于生产 PVC、PE、PP 及其复合薄膜等多种塑料薄膜。

四、设备原料

1. 设备

单螺杆塑料挤出装置 LSJ20	1 台
（螺杆直径 20mm，长径比：25/1，上海轻机模具厂生产）	
吹膜机头，口模	1 套
空气压缩机	1 台
冷却风环	1 套
吹膜辅机	1 套

其他设备：天平、测厚工具、铜刀、剪刀、手套

2. 原料

一般采用 HDPE、LDPE、LLDPE、PVC、PP、PA、PC、PDVC 等树脂。

本实验采用 LDPE，牌号为 2102TN26，中石化齐鲁石化生产。

五、操作步骤

1. 了解原料特性（Characteristics）（如 T_m，MFR），初步设定挤出机（Extruder）各段、机头和口模（Die）的控温范围，同时拟定螺杆转速（Screw speed）、空气和风环位置（Positions of air and air ring）、牵引速度（Taking off speed）等工艺条件。

2. 熟悉挤出机操作规程，接通电源，设定挤出机、机头各部位加热温度，开始加热，同时开启料斗底部夹套冷却水管，检查机器各部分的运转、加热、冷却、通气等是否良好，使实验机处于准备工作状态。待各区段预热到设定温度时，立即将口模环形缝隙调至基本均匀，同时，对机头部分的衔接、螺栓等再次检查并趁热拧紧。

3. 按色母粒（Color concentrate）/LDPE＝0.6/100 的质量比例，称量、混合，分别配制白色、黄色薄膜吹塑用原料，各约 4kg。

4. 恒温 20min 后，启动主机，在慢速运转下先少量加入 LDPE，注意电流计（Galva-

nometer），压力表（Pressure gage），扭转值（Twist number）以及出料状况。待挤出的泡管壁厚基本均匀时，可用手（戴上手套）将管状物缓慢引向开动的冷却、牵引装置，随即通入压缩空气。观察管泡的外观质量，结合情况及时协调工艺、设备因素［如物料温度（Material temperature）、螺杆转速（Screw speed）、口模同心度（Die concentricity）、空气气压（Air pressure）、风环位置（Air ring position）、牵引卷取速度（Taking-off and coiling speed）等］，使整个操作控制处于正常状态。

5. 挤出吹塑过程中，温度控制应保持稳定，否则会造成熔体黏度变化，吹胀比波动，甚至泡管破裂。另外，冷却风环及吹胀的压缩空气也应保持稳定，否则会造成吹塑过程的波动。

6. 当泡管形状稳定、薄膜直径已达要求时，切忌任意改变操作控制。在无破裂泄漏的情况下，不再通入压缩空气。若有气体泄漏，可通过气管通入少量压缩空气予以补充，同时确保泡管内压力稳定。

7. 切取一段外观质量良好的薄膜，并记下此时的工艺条件；称量单位长度的重量，同时测其直径和厚度公差。

8. 改变工艺条件［如提高料温、增大或降低螺杆转速、移动风环位置、加大压缩空气流量、提高牵引卷取速度（aking-off and coiling speed）］，重复上述操作过程，分别观察和记录泡管外观质量变化情况。

9. 分别用白色和黄色薄膜吹塑用原料，重复进行实验步骤4～7。

10. 实验完毕，逐渐减低螺杆转速（Screw speed），必要时可将挤出机内塑料挤完后停机。趁热用铜刀等用具清除机头和衬套中的残留塑料。用冲切制样机，制取薄膜的拉伸强度和断裂伸长率试样、撕裂强度试样、光学性能试样。长条和哑铃形试样应分别在薄膜纵、横两个方向上切取。试样的形状和数量参照相应性能标准执行。

六、说明及注意事项

1. 成型模具安装时一定要用水平仪（Gradienter）校正模具熔料出口水平。

2. 风环、人字板和牵引辊的安装，应以成型模具上的模唇口为水平基准。

3. 风环、人字板和牵引辊安装后，要用线坠、角尺、水平仪和钢板尺测量校正。注意检查校准成型模具上口模的中心线延伸线，即风环的安装中心基准线，也是人字板夹角的等分线；同时，此线还要通过两牵引辊的接触线；而且，两牵引辊面的接触线还要与这条基准中心线在同一个平面上相交垂直。

4. 牵引辊后面各导辊和卷取辊的安装，同样要校正各辊间的平行度在调整找正时，以牵引辊中的钢辊为基准，逐个排列找正；调整时用钢卷尺包住要找正的两辊进行测量，分别调整使辊两端的距离相等，这样使两辊的工作面平行。

七、思考题

1. 影响吹塑薄膜厚度（Film thickness）均匀性的主要因素有哪些？吹塑法（Blow molding）生产薄膜有什么优缺点？

2. 为减轻冷却负荷（Cooling load）和提高生产效率（Production efficiency），吹塑过程中尤其应注意控制哪些工艺因素？为什么？

【实验题目 4】 单螺杆挤出机（Single screw extruder）挤出管材工艺实验

一、实验目的

1. 掌握挤出成型（Extrusion molding）基本操作。
2. 通过实验，理解挤出成型原理，分析挤出工艺参数对塑料制品产量和性能的影响。

二、操作要点及相关知识预习

1. 操作要点：挤出机的操作；冷却装置（Cooling system）、牵引装置（Drawing device）和切割装置（Cutting device）等辅助装置的操作。

2. 相关知识预习：单螺杆挤出机的结构；塑料挤出成型原理；聚乙烯的结构与加工性能。

三、实验原理

挤出成型是连续件生产过程，由挤出机（主机）、机头（口模）和辅机协同作用完成。挤出机有单螺杆挤出机和双螺杆挤出机之分，后者是在前者基础上发展起来的，目前两者均较常用。挤出机在成型过程中的作用是熔融塑化和输送原料。机头构成熔体流道，引导聚合物分子优先排列，形成适当的结构分布，赋予熔体一定的几何形状（Geometrical shape）和密实度（Compactness）。辅机包括定型装置（Sizing device）、冷却装置（Cooling system）、牵引装置（Drawing device）、切割装置（Cutting device）、检测仪器（Detecting instrument）和堆放装置（Stacking system）等。定型装置和冷却装置的作用在于将熔体结构形态确定保留下来。牵引装置除了引离挤出物，维持连续性生产外，还有调节聚合物熔体分子取向作用，控制制品尺寸和物理力学性能的作用。因此，决定挤出成型制品质量的重要因素为塑料材质、设备结构和工艺控制参数。

四、设备原料

1. 设备：单螺杆挤出机，冷却装置，牵引装置。
2. 化学药品：HDPE，挤出级（Extrusion grade），颗粒状塑料（Granular plastic）。

五、操作步骤

1. 挤出机预热升温（Preheating and heating up）。依次接通挤出机总电源和料筒加热开关，调节加热各段温度仪表设定值至操作温度。当预热温度升至设定值后，恒温 30~60min（以手动盘车轻快为宜）。挤出操作温度分五段控制，机身：供料段 100~120℃，压缩段 130~150℃，计量段 150~160℃；机头：机颈 155~165℃，口模 170~180℃。

2. 检查冷却水系统（Water cooling system）是否漏水，拧开水阀（Water valve）。高密度聚乙烯挤出管材的冷却速度应缓慢，使管子表面光泽好。

3. 启动油泵电动机，约 5~10min 后，将主电动机调速旋钮调至零位，然后启动主电动机。调速过程要缓慢、均匀，转速逐渐升高、要注意主电动机电流的变化，一般在较低的转速（如 20～30r/min）下运转几秒，待有熔融的物料从机头挤出后，再继续提高转速。

4. 启动喂料系统，首先将喂料机调速按钮调至零位，关闭料斗下方出料闸板，把 HDPE 倒入料斗，然后打开出料闸板，启动喂料电动机，调整喂料电动机的转速，在调速过程中密切注意主电动机电流的变化，要适当控制喂料量（由喂料电机的转速决定），以避免挤出机负荷过大；随着主机转速的提高，喂料量可适当增加。

5. 将挤出管坯通过真空定型套、水槽，引上牵引机。

6. 启动牵引装置及切割等辅助装置，用游标卡尺测量管子直径和壁厚、牵引速度和挤出速度等直到挤出管子尺寸符合要求。

7. 当挤出管材基本符合要求之后，切取数米长管子，检测其内外壁光泽。

8. 改变挤出速率、牵引速率和挤出温度，观察管材尺寸、变化。

六、说明及注意事项

1. 挤出机料筒及机头温度较高，操作时要戴手套，熔体挤出时，操作者不得位于机头的正前方，防止意外发生。

2. 取样必须待挤出的各项工艺条件稳定方可进行。

3. 开动挤出机时，螺杆转速要逐步上升，进料后密切注意主机电流，如发现电流突增应立即停机检查原因。

4. 清理机头口模时，只能用铜刀或压缩空气，多孔板可火烧清理。

5. 本实验辅机较多，实验时需要数人合作完成，操作时分工负责，协调配合。

七、思考题

1. 影响 HDPE 管的表面光泽度的工艺因素有哪些？

2. 改变牵引和挤出速度，管子产量和质量有何变化，实验的最佳控制如何？

【实验题目 5】 中空挤出（Hollow extrusion）吹塑实验

一、实验目的

1. 了解挤出吹塑（Extrusion-blow molding）成型原理。

2. 掌握聚乙烯（Polyethylene）吹膜工艺操作过程、各工艺参数条件的调节及分析薄膜成型的影响因素。

二、操作要点及相关知识预习

1. 操作要点：挤出机的操作；塑料吹瓶辅机（Plastic bottle blowing auxiliaries）和中空吹塑料（Hollow blowing plastic）模具的操作。

2. 相关知识预习：挤出成型；聚丙烯和聚乙烯的熔体（Melt）性质；吹胀比（Blow ratio）的概念。

三、实验原理

中空吹塑料成型是将挤出或者注塑成型的塑料管坯（Parison）（型坯）趁热（处于半熔融的类橡胶态时）置于模具中，并及时在管坯中通入压缩空气将其吹胀，使其紧贴于模腔壁上成型为模具的形状，经冷却脱模后即制得中空制品（Hollow）。

四、设备原料

1. 设备：SJ-45B 挤出机（Extruder），SJ-PI-F2.5 塑料吹瓶辅机（Plastic bottle blowing auxiliaries），中空吹塑料模具。

2. 原料：PE 或 PP 料。

五、操作步骤

1. 接通挤出机料斗座冷却水，根据加工物料的性质确定加工工艺条件，设定挤出机和机头温度，至设定温度后再保温 20～30min，在挤出机料斗中加入物料，挤出管坯。

2. 接通空气压缩机电源，启动吹瓶辅机，打开模具。

3. 挤出管坯至需要长度时，用切刀切下管坯，将切下的管坯移至打开的模具中，然后合模，吹气嘴向管坯中通入压缩空气进行吹胀。

4. 保持吹气压力至冷却结束，打开模具取出制品，等待下一次操作。

5. 实验结束后，切断电源，关闭冷却水，清理机器。

六、说明及注意事项

1. 当下垂的型坯达到合格长度后立即合模，并靠模具的切口将型坯切断（本实验中型坯由人工切断）。

2. 从模具分型面上的小孔插入的压缩空气吹管，送入压缩空气，使型坯吹胀紧贴模壁而成型。

3. 保持空气压力，使制品在型腔中冷却定型后即可脱模。

七、思考题

1. 塑料能进行中空吹塑成型加工的依据是什么？

2. 影响塑料中空吹塑成型制品质量的因素有哪些？

【实验题目 6】 硬聚氯乙烯（Rigid polyvinyl chloride）的加工成型

一、实验目的

1. 掌握热塑性塑料（Thermoplastic）聚氯乙烯配方设计的基本知识。熟悉硬聚氯乙烯加工成型各个环节及其制品质量的关系。

2. 了解聚氯乙烯塑料加工常用的设备如高速混合机（High speed mixer）、塑炼机（Plasticator）、平板硫化机（Vulcanizing press）等基本结构原理，掌握这些设备的操作方法。

二、操作要点及相关知识预习

1. 操作要点：高速混合机（High speed mixer）的操作；双辊筒开炼机（Two-roll milling）的操作；平板硫化机（Vulcanizing press）的操作。

2. 相关知识预习：混合和塑化的概念；聚氯乙烯结构与基本性质。

三、实验原理

聚氯乙烯（PVC）塑料是应用广泛的热塑性塑料。通常 PVC 塑料可以分为软、硬两大类，两者的区别在于塑料中增塑剂（Plasticizer）的含量。

纯 PVC 树脂是不能单独成为塑料的，因为 PVC 树脂具有热敏性，加工成型时在高温下很容易分解，且熔融黏度（Melt viscosity）大、流动性差，因此在 PVC 中都需要加入适当的助剂（Additives），通过一定的加工程序制成均匀的复合物，才能成型得到制品。

PVC 塑料的成型加工包括配方设计、混合和塑化、成型等工艺过程。为了使 PVC 塑料取得良好的加工性能和使用性能。塑料中各组分的选择和配合是很重要的。PVC 是配方的主体，它决定材料的主要性能，PVC 树脂通常是白色粉末固体，由于聚合生产工艺的不同，PVC 通常有几种不同的形态和颗粒细度；此外，按分子量的聚合度的大小，PVC 又可分为 Ⅰ～Ⅵ 或 PI500～600 等几种型号，依次表示树脂分子量的要求是不同的。本实验为硬质 PVC 的基本配方，选用 XS-Ⅳ 或 Ⅴ 型树脂，即悬浮聚合的疏松型树脂，聚合度（Degree of polymerization）1000 左右，它有较好的加工性能，又能满足硬 PVC 的要求。DOP（邻苯二甲酸二辛酯）用作增塑剂，其极性较大，与 PVC 有良好的相容性，增塑效率高，少量加入可以大大改善加工性能而又不至于过多降低材料的硬性。由于树脂受热易分解，加工和应用过程容易分解放出 HCl，因此必须加入碱性的三碱式硫酸铅，使 HCl 中和，否则树脂的降解现象会愈加剧烈。此外，又因为 PVC 在受热情况下还有其他复杂的化学变化，为此在配方中还加入硬脂酸盐类化合物，也是起稳定的作用。几种稳定剂的同时应用，各种组分独特效能和它们之间的协同效应，将会使材料在高温等条件下不至于破坏，石蜡主要起外润滑的作用，利于加工，方便成型时的脱模。为了改善 PVC 塑料的抗冲击性能、耐热性能和加工流动性，常可按要求加入各种改性剂，如氯化聚乙烯（Chlorinated polyethylene）（CPE）、甲基丙烯酸（Methacrylic acid）和丙烯酸甲酯（Methyl acrylate）的共聚物（ACR）等抗冲改性剂（Impact modifier），丙烯酸酯类共聚物等加工改性剂和热性能改性剂。

对 PVC 塑料来说，混合和塑化的全过程都应该是物理变化过程，应严格控制温度和作用力，要尽量避免可能发生的化学反应，或把可能发生的反应控制到最低的限度。因此，混合和塑化时，凡是对料温和剪切作用有关的工艺参数及设备的特征、操作的熟练程度都是影响混合和塑化的重要因素。

PVC 塑料适合多种塑料加工成型方法生产各种各样的制品。本实验是应用压制法加工成 PVC 硬板，成型过程包括物料的熔融、流动、充模成型和最后冷却定型等程序，不应发生化学反应。正确选择和控制压制的温度、压力和保压时间，冷却定型程度是很重要的。压制成型时，通常在不影响制品性能的前提下，如果适当的提高成型温度，可以缩短成型时间，而且降低成型压力，减少动力消耗。但是，采用过高的压制温度或过长的受热时间都会使制品变色，树脂降解、物料过多外溢造成毛边增多，质量全面下降。因此，压制成型工艺条件要适宜。

四、仪器药品

1. 仪器：高速混合机（High speed mixer），双辊筒开炼机（Two-roll milling），电热平板硫化机（Electric heating vulcanizing press），万能制样机（Universal system prototype），不锈钢模板（Stainless steel mold），表面温度计（Surface Thermometer），分析天平（Analytical balance）和台秤（Platform scale），搪瓷大口杯（Enamel beakers），瓷盘（China plates）和炼胶刀（Rubber mixing knife）；

2. 化学药品：PVC 树脂（Polyvinyl chloride resin），邻苯二甲酸二辛酯（Dioctyl phthalate），复合稳定剂（Complex stabilizer），氯化聚乙烯（Chlorinated polyethylene），石蜡（Paraffin）。

五、操作步骤

1. 配料

基本配方：（质量比）

PVC 树脂（XS-Ⅳ 或 SW-1000）   100

邻苯二甲酸二辛酯（DOP）   5

三碱式硫酸铅   5

硬脂酸钡   1.5

硬脂酸钙   1.0

CPE（或 ACR）5

石蜡   0.5

2. 高速混合

（1）高速混合机的试运转

① 首先检查混合釜内有无杂物并清洗干净，然后将釜盖锁紧，压住保险开关。

② 接通电源，按下总开关，绿色信号灯亮表示电气箱接通。

③ 选择开关，加热确定控制方式。

④ 按启动按钮，电机通过皮带——锥形盘无极变速器驱动釜内主轴旋转；转动调节手轮调整所需转速，让该机空车运转数分钟，查看有无异样，待一切都正常后投料。

（2）高速混合

① 先将树脂和稳定剂等粉状组分加入混合釜中，开始混合 2~3min；同时进行加热，温度控制 80℃左右。

② 停机，将液体组分徐徐加入，再开机混合 5min。

③ 固体润滑剂最好是混合终点前一些时间加入，高速混合的全部时间通常是 7~8min，之后卸料备用。

物料混合的终点可以凭经验观察混合物颜色的变化，是否均匀；也可以热压薄试样片并借助放大镜观察白色的稳定剂和着色斑点的大小和分布是否均匀，以及有无物料的聚集等状况，混合的均匀程度。

3. 辊压塑化

（1）辊压机的开动和加热

SK-160B 型双辊筒炼塑机所有的工作环节均由电气箱控制。机器开动前，应先检查辊缝中是否有杂质粘积在辊筒上，以免损坏辊筒，辊筒表面应清洁干净、光洁。

① 将辊筒分离，开机空转，试急刹车，检查无异样方可进行实验。

② 加热辊筒，其温度可由装在电器控制箱内的调压器来调节。本实验硬 PVC 塑化温度可定为（170±5）℃。

（2）加料塑化

① 辊筒恒温后，开动机器运转并调节辊筒间隙为 1~2mm。

② 在两辊筒的上部加入初混合的物料。开始操作时，从辊筒的间隙落下来的物料加到辊筒上，不能让其在辊筒下方接料盘内停留时间过长，且注意要经常保持一定量的辊隙上方存料，待辊筒表面出现均匀的塑化层时用切割装置或用钢刀不断地切割料层并使之从辊筒上拉下来折叠后再投入辊缝间辊压，或者把料层翻卷后再使之与辊筒轴向相垂直的方向进入辊缝，经过数次这样地翻炼，使各组分尽可能分散均匀。

（3）薄通

将辊筒调至 1mm 以内，使塑化料变成薄层通过辊缝，以打卷或打包形式薄通 1~2 次，若观察物料色泽均匀，切口断面不显毛粒，表面光洁并有一定的强度时，塑炼即可终止。从开始投料到塑化完全一般控制在 10min 以内。

（4）出片

塑化终点后，用刮刀把包辊层整片拉下，平整放置，冷却后可上切粒机切割成 2mm×3mm×4mm 左右的粒子，即为硬 PVC 塑料，也可以在出片后放置平整同时剪裁成适当尺寸的板坯，以备下一步压制成型时使用。

4. 压制成型

硬 PVC 的压制成型程序与天然橡胶模型硫化有相似之处，所用的设备也是平板压机，压板的加热和调温、平板动作与压力调整等也是相同的。所不同的是成型原理不同，工艺条件差别也较大。

本实验要求压制成型硬 PVC 板材尺寸为 180mm×120mm×3mm。

（1）压机加热。通过加热和温控装置将上下模板加热至（180±5）℃。

（2）成型压力的确定。硬 PVC 压制成型的压力约为 15~20MPa。

（3）加料预热及压制成型。

按成型模具的容积及硬 PVC 的相对密度（约 1.4）计算加料量，称量硬 PVC 硬料粒子，或把裁剪好的硬 PVC 塑炼片坯叠合好后，放置在不锈钢板模腔内，闭合后置于压机压板的中心位置，在加热的模板间接触闭合的情况下（未受压力）预热约 10min，之后闭模加压至所需要的表压读数，使受热熔化的塑料慢慢流动而充满模具的型腔成型，并且在恒压下保持约 5 min。

（4）冷却定型

① 电加热的压机不能通入冷水冷却。把模具连同被压成型的物料趁热转至同样规格的无加热的压机上，迅速加压至热压时的表压读数，进行受压下冷却定型。

② 蒸汽加热的压机可以通冷却水冷，冷却定型的温度应根据实验时的环境温度而异。要求冷却到 80℃ 以下，待硬 PVC 板充分冷却固化后，解除压力，脱模去除毛边即得制品。

六、说明及注意事项

1. 模具的放置尽量处在平板中央，以免塑料受热不均匀而导致制品厚度和质量的不均。
2. 压制温度要求严格控制，上、下模板温度要一致。
3. 操作时要戴双层手套，严防烫伤。
4. 脱模取出样品时用铜条，以防损坏模具及划伤制品。

七、思考题

1. 硬聚氯乙烯塑料的力学性能与塑料的组成有什么关系？
2. 硬聚氯乙烯的压制成型和天然橡胶的模型硫化成型的原理和工艺过程有何异同？

【实验题目7】 酚醛塑料（Phenolic plastic）的模压成型

一、实验目的

1. 了解模压成型热固性塑料（Thermosetting Plastics）的原理和工艺操作过程；
2. 理解塑料模塑粉（Moulding powder）配方以及模压成型工艺（Compression molding）参数对热固性塑料压制品性能及外观（Appearance）性能的影响；
3. 了解酚醛模塑粉中各组分作用以及配方（Formula）原理。

二、操作要点及相关知识预习

1. 操作要点：捏合机（Kneading machine）、平板硫化机（Plate vulcanizing press）、塑炼机（Plasticator）的操作。
2. 相关知识预习：热固性塑料固化原理（Principle of curing），热固性塑料的配方原理及设计。

三、实验原理

热固性塑料的模压成型是将缩聚反应（polycondensation）到一定阶段的热固性树脂及其填充混合料置于成型温度下的压模型腔中，闭模施压（Mold closed and pressure applied）。借助热和压力的作用，使物料一方面熔融成可塑性流体（Plasticity fluid）而充满型腔，取得与型腔一致的形状，与此同时，带活性基因的树脂分子产生化学交联而形成网状结构。经一段时间保压固化后，脱模，制得热固性塑料制品的过程。

四、设备原料

1. 设备

捏合机　　　　　　　　1台
平板硫化机　　　　　　1台
塑炼机　　　　　　　　1台
水银温度计（Mercury thermometer）（0～250）　　2支

天平（感量 0.5g）　　　　　1 台

脱模器（Stripper）、铜刀（Copper knife）、石棉手套（Asbestos gloves）等。

本实验采用平板流化机，该机由机身（Frame）、液压控制（Hydraulic control）、油箱（Fuel tank）、电器控制（Electrical control）等四大部分组成。该设备有手、半自动操作方式两种，其中、下两块加热平板可上下移动调节其间距。模压时平板的加热，平板的上、下动作，模具排气以及保压等油泵电机的开启过程均由电器控制屏上的开关、按钮、指示灯所控制和显示。

2. 原料

酚醛树脂（由学生制备，参阅合成工业实验部分）

木粉、固化剂、润滑剂和着色剂等。

酚醛压塑粉的配方：（质量比）

酚醛树脂	100
木粉	100
六亚甲基四胺	7
石灰或氧化钙	1
硬脂酸钙	0.7
苯胺黑	0.5

五、操作步骤

1. 料粉配制

（1）按照配方称量，将各组分放入捏合机（Kneading machine）中，搅拌 30min 后，将塑料粉装入塑料袋中备用。

（2）混合物料的辊压塑化（Roll plasticizing）。在开炼机上进行，开炼机（Open milling）两滚筒温度分别调整为 100℃和 130℃左右，辊间距约 3～5mm。加入混合物料辊压塑化，具体操作同 PVC 加工，应严格控制混炼时间。塑化期间要经常检验物料的流动性，通常用拉西格流程法来衡量流动度，要求塑化物料的硬化速度控制在 45～60s/mm 的乙阶段。辊压后的物料成为均匀黑色片材，冷却后为硬而脆的物料。

（3）塑料片的粉碎。采用粉碎机或者球磨机，将塑化片粉化成粉，要求压塑粉有良好的松散度和均匀度。

2. 模压成型

（1）熟悉平板硫化机的基本结构和运转原理，了解压机在手动、半自动状态下的操作程序。

（2）据塑粉工艺性能、制品尺寸以及制品使用性能，拟定模压温度、压力和时间等工艺条件，由模具型腔尺寸和单位压力分别计算出所需的塑粉量和模压压力，并结合实验用压机吨位计算出模压时压机的油表压力（表压）。

（3）接通电源，检查压机各部分的运转、加热情况是否良好，并及时调节到工作状态。根据工艺要求设定排气次数和模压时间，将电接点压力表指针调至拟定的放气，保压位置。

（4）移动压模于压机上预热到模压温度（预热时注意压机热板与压模接触），然后在脱模器上将压模脱开，用棉纱擦拭干净并涂以少量脱模剂。随即把已计量的塑料粉（必要时应按规定预热）加入模腔内，堆成中间稍高的形式，合上上模板再置于压机热板中心位置。

（5）手动/自动开关板向自动位置，触动循环按钮，自动过程即开始。液压活塞推动下压板上升。合模后，系统压力升至设定位置，模具自动完成排气过程，然后继续升压至要求的油表压力。

（6）工艺要求保压一定时间后，电机自动启动解除压力，中、下压板降至原位。戴上手套将压模移至脱模器上脱开模具，取出制品，用铜刀清理干净模具并重新组装待用。

3. 性能测试

对压制品进行弯曲强度测试。测试方法按 GB 1042—79 标准，在拉力机上进行。

六、说明及注意事项

1. 戴手套操作。

2. 加料动作要快，物料在模腔内分布均匀，中部略高。上下模具定位对准，防止闭模加压时损坏模具。

3. 脱模时手工操作要注意安全，防止烫伤、砸伤及损坏模具。脱出来的制品小心轻放，平整放置在工作台上冷却，压制品需冷却停放一天后进行性能测试。

七、思考题

1. 模压温度、压力和时间对制品质量有何影响？你在实验中是如何思考和处理它们之间的关系的？

2. 热固性塑料模压过程中为什么要进行排气？其模压过程与热塑性塑料的模压成型有何差别？

3. 酚醛模塑粉中各组分的作用是什么？

【实验题目 8】　聚氨酯泡沫塑料（Foamed polyurethane plastic）的制备

一、实验目的

1. 熟悉多种不同密度软质和硬质聚氨酯泡沫塑料的制备方法。

2. 了解聚氨酯泡沫塑料发泡（Foaming）的原理。

3. 对比软硬泡沫使用原料的不同，合理设计配方，掌握分析影响泡沫材料性能的工艺因素。

二、操作要点及相关知识预习

1. 操作要点：原料的混合，聚氨酯泡沫材料性能的测试。

2. 相关知识预习：聚氨酯塑料泡沫的发泡原理，软硬泡沫配方（Rigid and flexible foams formula）的设计，泡沫材料（Foamed material）性能的工艺因素。

三、实验原理

聚氨酯泡沫的形成是一种比任何其他聚氨酯的形成都远为复杂的过程，除在聚合物系统中的化学和物理状态变化之外；泡沫的形成又增加了胶体系统的特点。要了解聚氨酯泡沫的形成，还需涉及气体发生和分子增长的高分子化学、核晶过程（Nuclear crystal process）和稳定泡沫的胶体化学（Colloid chemistry）以及聚合体系熟化时的流变学（Rheology）。

聚氨酯泡沫的制造分为 3 种：预聚体法（Prepolymer method）、半预聚体法（Semi prepolymer method）和一步法（One-step method）。本实验主要采用一步法。一步法发泡即是将聚醚（Polyether）或聚酯多元醇（Polyester polyol）、多异氰酸酯（Polyisocyanate）、水以及其他助剂如催化剂、泡沫稳定剂等一次加入，使链增长、气体发生及交联等反应在短时间内几乎同时进行，在物料混合均匀后，1～10s 即行发泡，0.5～3min 发泡完毕并得到具有较高分子量一定交联密度的泡沫制品。要制得泡沫孔径均匀和性能优异的泡沫，必须采用复合催化剂、外加发泡剂和控制合适的条件，使 3 种反应得到较好的协调。在聚氨酯泡沫制备过程中主要发生如下反应。

1. 预聚体的合成

由二异氰酸酯（Diisocyanate）与聚醚或聚酯多元醇反应生成含异氰酸酯端基（Terminal group）的聚氨酯预聚体。

$$OCN-R-NCO + HO\text{～～}OH \longrightarrow OCN-R-NH-\overset{O}{\overset{\|}{C}}-O\text{～～}O-\overset{O}{\overset{\|}{C}}-NH-R-NCO$$

2. 气泡的形成与扩链

异氰酸根（Isocyanate）与水反应生成的氨基甲酸（Carbamic acid）不稳定，分解生成胺与二氧化碳，放出的二氧化碳气体在聚合物中形成气泡，并且生成的端氨基聚合物可与异氰酸根进一步发生扩链反应得到含脲基（Carbamido）的聚合物。

$$\text{～～}NCO + H_2O \longrightarrow [\text{～～}NH-\overset{O}{\overset{\|}{C}}-OH] \longrightarrow \text{～～}NH_2 + CO_2$$

$$\text{～～}NH_2 + \text{～～}NCO \xrightarrow{\text{扩链}} \text{～～}NH-\overset{O}{\overset{\|}{C}}-NH\text{～～}$$

3. 交联固化（Cross-linking and curing reaction）

异氰酸根与脲基上的活泼氢反应，使分子链发生交联，形成网状结构。

$$\begin{array}{llll} NH & NH+ OCN-R-NCO+\cdots & NH & NH-OCN-R-NCO \\ | & | & | & | \\ CO & CO & CO & CO \\ | & | & \longrightarrow & | \\ NH+ OCN-R-NCO+NH & & N-CONH-R-NCO-NH \\ | & | & | & | \\ P & P & P & P \end{array}$$

聚氨酯泡沫塑料按其柔韧性（Flexibility）可分为软泡沫（Flexible foam）和硬泡沫（Rigid foam），主要取决于所用的聚醚或聚酯多元醇，使用较高分子量及相应较低羟值（Hydroxyl value）的线型聚醚或聚酯多元醇时，得到的产物交联度较低，为软质泡沫；若用短链或支链较多的聚醚或聚酯多元醇时，为硬质泡沫。根据气孔的形状聚氨酯泡沫可分为开孔型（Open cell structure）和闭孔型（Closed cell structure），可通过添加助剂（Additives）来调节。乳化剂（Emulsifier）可使水在反应混合物中分散均匀，从而可保证发泡的均匀性（Homogeneity）；稳定剂可防止在反应初期泡孔结构的破坏。主要影响因素如下所示。

制备泡沫塑料时产生的疵病原因及解决办法

疵病	可能原因	解决办法
开裂 （Crack）	发泡后期凝胶速度大于气体发生速度 物料温度过高 异氰酸酯用量不足	减少有机锡催化剂用量，或提高胺类催化剂用量 调整物料温度 调整异氰酸酯用量
泡沫崩塌 （Foam collapse）	气体发生速度过快 凝胶速度过慢 硅油稳定剂不足或失败 物料配比不准 搅拌速度不当	减少胺类催化剂用量 增加有机锡类催化剂 增加硅油用量 调节至一定范围 调节至一定范围
泡沫收缩 （Foam shrink）	凝胶速度大于发泡速度 搅拌速度太慢 异氰酸酯用量过多	使发泡速度平衡 增加搅拌速度 减少用量
结构模糊气泡严重	搅拌速度过快 物料计量不准	适当减慢速度 检查各组分，计量准确

四、仪器药品

1. 仪器：烧杯、玻璃棒、台秤、纸杯、烘箱。

原料	高密度泡沫 （High density foam）	中密度泡沫 （Middle density foam）	低密度泡沫 （Low density foam）
聚醚 330	100	100	100
甲苯二异氰酸酯 ［TDI(Toluene diisocynate)］	30～35	35～40	37～42

2. 原料

水	1.5～2.5	2.5～3	3～3.5
辛酸亚锡（Stannous octoate）	0.1～0.2	0.2～0.3	0.2～0.3
三乙基二胺 （Three ethyl diamine）	0.2～0.3	0.1～0.2	0.1～0.2
硅油（Silicone oil）	1.0～2.0	1.0～2.0	1.5～2.5
二氯甲烷 （Methylene dichloride）	0.5～1.5	0.5～1.5	1.5～2.5
防老剂 （Methylene dichloride）	0.1～0.4	0.1～0.4	0.1～0.4

五、操作步骤

1. 将除甲苯二异氰酸酯外的组分按重量称取于一个纸杯中，然后加入一定重量的甲苯二异氰酸酯，迅速搅拌约 30s，观察发泡过程。

2. 室温静置 20min 后，将泡沫在 90～120℃烘箱中熟化（Cure）1h 左右，移出烘箱冷至室温。

3. 按照高、中、低密度的 3 种配方各制备一次，若有失败，找出原因重做。

4. 将 3 种密度泡沫取样测试密度、抗张强度（Tensile strength）、撕裂强度（Tear strength）、压缩强度（Compressive strength）和回弹性（Rebound resilience），测试所得各项性能列表对比。

5. 参考有关资料设计一个硬质聚氨酯泡沫的配方，根据设计的配方参照上面的实验步骤制备硬质聚氨酯泡沫。

六、说明及注意事项

1. 搅拌速率恰当。
2. 物料称量准确。
3. 物料温度适当。

七、思考题

1. 对比 3 种配方制备的软质聚氨酯泡沫的性能，分析影响密度的因素有哪些？
2. 聚氨酯泡沫塑料的软硬由哪些因素决定？
3. 如何保证均匀的泡孔结构（Foam cell structure）？

【实验题目 9】 毛细管流变仪（Capillary rheometer）测试聚合物加工流变性能（Rheological properties）实验

一、实验目的

1. 了解高分子材料熔体（Melt）流动特性以及温度、应力、材料性质的变化规律。
2. 掌握在毛细管流变仪上测定聚合物的剪切速率（Rate of shear）、剪切应力（Shear stress）、表观黏度（Apparent viscosity）等物理量的方法，确定其流变曲线（Flow curve）和表观黏度与剪切速率的依赖关系。
3. 了解毛细管流变仪的基本结构、仪器特点、操作方法。

二、操作要点及相关知识预习

1. 操作要点：实验样品的干燥；毛细管流变仪的操作；仪器的清洗。
2. 相关知识预习：聚合物流变性能的概念；聚苯乙烯（Polystyrene）、聚丙烯（Polypropylene）和涤纶（Polyester）的结构；聚合物熔体在毛细管（Capillary）中的流动行为分析。

三、实验原理

工作原理是：物料在电加热的料桶里被加热熔融，料桶的下部安装有一定规格的毛细管口模（有不同直径 0.25～2mm 和不同长度的 0.25～40mm），温度稳定后，料桶上部的料杆在驱动电动机（Drive motor）的带动下以一定的速度或以一定规律变化的速度把物料从毛细管口模中挤出来。在挤出的过程中，可以测量出毛细管口模入口处的压力，再结合已知的速度参数、口模和料桶参数以及流变学模型（Rheological model），从而计算出在不同剪切速率下熔体的剪切黏度（Shear viscosity）。毛细管式适合于宽范围表观黏度测定（尤其适于高速、高黏流体），剪切速率及流动时的流线，几何形状与挤出注模时的实际条件相似。可精确测量材料的黏度、弹性和流变特性。

四、仪器药品

1. 仪器：XLY-Ⅱ型流变仪，毛细管（$R=0.25\text{mm}$，$L=36\text{mm}$；$R=0.5\text{mm}$，$L=40\text{mm}$）。

2. 原料：聚苯乙烯；聚丙烯；涤纶（粒料）；纯棉纱布。

五、操作步骤

1. 实验样品的制备：实验前，对聚丙烯进行干燥或真空干燥，除去水分及其他挥发性组分。

2. 依次打开电源，指示灯亮，电源表指零，数显全部为零（如不为零，先清零一次），把 $\phi 1\text{mm}\times 40\text{mm}$ 的毛细管置于螺母内，然后把螺母拧入炉体内。设置实验所需温度，进行升温。

3. 开启记录仪，按下温度记录笔，以观察温度曲线。

4. 恒温 5min 后，称取 2g 聚丙烯（或聚丙烯或 PET）颗粒，用漏斗装入料筒内，装上柱塞用手先预压一下，并使柱塞和压头对正。按要求压力挂上负荷，预压一下，左旋扭动放油把手，压头下压，随后右旋，搬动压油杆，使压头上升，仿佛两次，将物料压实。抬起压头后调节调整螺母，使压头与柱塞压紧，装料压实后保温 10min，同时选好记录速度，保温后左旋拧动放油把手，压杠下压，同时开启记录仪，至压杠到底。

5. 右旋紧放油把手，搬动压油杆，抬起压头，将炉体拔出，取出柱塞，拔出测温电热耦，右旋紧放油把手，搬动压油杆，抬起压头将加热炉转出来，拧下螺母，用清料杆清理料筒和毛细管。

6. 每次实验完成后先用清洗料清洗料筒，然后趁热用纯棉纱布将压杆、料筒和毛细管清洗干净。

六、说明及注意事项

1. 每次实验完毕后要将加热炉旋出来进行清理，把毛细管卸下，恢复原状。

2. 抬起杠杆时，搬动压油杆要注意，当杠杆达到顶端时，不能再搬动压油杆，防止损害杠杆。

3. 清理时应戴上手套，防止烫伤。

七、思考题

1. 分析聚合物的结构对聚合物熔体流变性能有什么影响？
2. 聚合物熔体流变性能的好坏可用哪些物理量来表征？
3. 实验过程中应注意的问题有哪些？

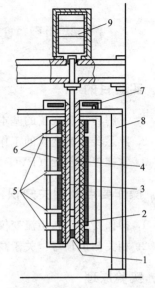

压力型毛细管流变仪〔恒速型（Constant speed type）〕的构造示意

1—毛细管；2—物料；3—柱塞；4—料筒；5—热电偶；6—加热线圈；7—加热器；8—支架；9—负荷

【实验题目 10】 转矩流变仪（Torque rheometer）实验

一、实验目的

1. 了解转矩流变仪的基本结构（Basic structure）及其适应范围。
2. 熟悉转矩流变仪的工作原理及其使用方法。
3. 掌握聚氯乙烯（PVC）热稳定性的测试方法。

二、操作要点及相关知识预习

1. 操作要点：转矩流变仪的使用。
2. 相关知识预习：关于高聚物流变性能的理论知识。

三、实验原理

转矩流变的设计目标是为造成高湍流（Turbulence）、高剪切（Shear）的效果，以便聚合物熔体或橡胶混合物的多组分得以良好地混合。在此工艺条件下，被高度剪切的物料产生非线性的黏弹响应（Viscoelastic response）。被测试样品反抗混合阻力（Mixed-resistance）与样品的黏度成正比。转矩流变仪通过作用在转子上的反作用转矩测得这种阻力。通常电脑记录的转矩随时间的变化谱图，成为"流变图（Rheogram）"。转矩流变仪在共聚物性能研究方面最为广泛。转矩流变仪可以用来研究热塑性材料的热稳定性（Thermostability）、剪切稳定性（Shear stability）、流动（Flow）和固化行为（Curing behavior），其最大特点是能在类似实际加工过程的条件下连续、准确可靠地对体系的流变性能进行测定。可以完成的典型实验有 XLPE 材料交联特性测试，PVC 材料融熔特性以及热稳定性的测定，材料表观黏度与剪切速率关系的测定等。

图 1 为一般物料的旋转流变曲线（Rotating flow curve），但有些样品没有 AB 段，各段意义分别如下。

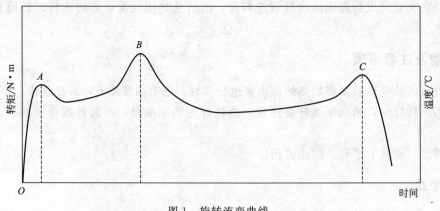

图 1　旋转流变曲线

OA：在给定温度和转速下，物料开始黏结，转矩上升到 A 点。

AB：受转子旋转作用，物料很快被压实（赶气）、转矩（Torque）下降。随后，物料在热和剪切力的作用下开始塑化（Plastification）（软化和熔融），物料即由粘连转向塑化，扭矩（Torsion）上升到 B 点。

　　BC：物料在混合器中塑化，逐渐均匀。达到平衡，维持恒定转矩，物料平衡阶段。

　　C 以后：继续延长塑化时间，导致物料发生分解、交联、固化，使扭矩上升或下降。

四、设备原料

RM 转矩流变仪（Torque rheometer）如图 2 所示。

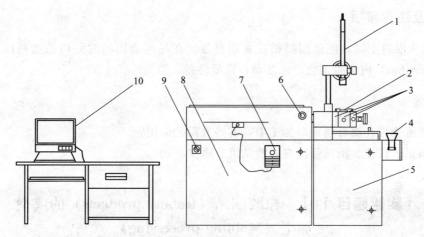

图 2　转矩流变仪示意

1—压杆；2—加料口；3—密炼室；4—漏斗；5—密炼机；6—紧急制动开关；
7—手动面板；8—驱动及扭矩传感器；9—开关；10—计算机

原料配比：

聚氯乙烯（PVC）	45 份
邻苯二甲酸二辛酯（DOP）	2 份
三碱式硫酸铅	2 份
硬脂酸钡（BaSt）	0.7 份
硬脂酸钙（CaSt）	0.5 份
石蜡	0.2 份

五、操作步骤

　　1. 称量：为便于对试样的测试结果进行比较，每次应称取相同质量的试样。

　　2. 合上总电源开关，打开扭矩流变仪上的开关（这时手动面板上 STOP 和 PROGRAM 的指示灯变亮），开启计算机。

　　3. 10min 后按下手动面板上的 START，这时 START 上的指示灯变亮。

　　4. 双击计算机桌面的转矩流变仪应用软件图标，然后按照一系列的操作步骤（由实验教师对照计算机向学生讲解完成），通过这些操作，完成实验所需温度、转子转速及时间的设定。

　　5. 当达到实验所设定的温度并稳定 10min 后，开始进行实验。先对转矩进行校正，并观察转子是否旋转，转子不旋转不能进行下面的实验，当转子旋转正常时，才可进行下一步实验。

6. 点击开始实验快捷键，将原料加入密炼机中，并将压杆放下用双手将压杆锁紧。

7. 实验时仔细观察转矩和熔体温度随时间的变化。

8. 到达实验时间，密炼机会自动停止，或点击结束实验快捷键可随时结束实验。

9. 提升压杆，依次打开密炼机（Internal mixer）二块动板，卸下两个转子，并分别进行清理，准备下一次实验用。

10. 待仪器清理干净后，将已卸下的动板和转子安装好。

六、说明及注意事项

物料加入混料室时，应使用斜槽柱塞加料器，在尽可能短的时间内把物料压入混炼室（Mixing chamber）内。否则会造成波动，重复性差。

七、思考题

1. 转矩流变仪在聚合物成型加工中有哪些方面的应用？

2. 加料量、转速、测试温度对实验结果有哪些影响？

【实验题目 11】 橡胶制品（Rubber products）的成型加工（Molding processing）

一、实验目的

1. 掌握橡胶制品配方设计基本知识。熟悉橡胶加工全过程和橡胶制品模型硫化工艺。

2. 了解橡胶加工的主要机械设备如开炼机（Mixing mill）、平板硫化机（Flat vulcanizing machine）等基本结构，掌握这些设备的操作方法。

3. 掌握橡胶物理力学性能测试试样制备工艺及性能测试方法。

二、操作要点及相关知识预习

1. 操作要点：开放式炼胶机、硫化机的操作，橡胶混炼（Rubber mixing），样品的裁剪（Cutting），样品性能测试。

2. 相关知识预习：橡胶加工（Rubber processing）、橡胶硫化（Vulcanization）的基本原理，橡胶拉伸性能、邵氏硬度（Shore hardness）的基本概念及测试原理。

三、实验原理

橡胶制品的基本工艺过程包括配合（Compounding）、生胶塑炼（Raw rubber plastication）、胶料混炼（Rubber mixing）、成型（Forming）和硫化（Vulcanization）五个基本过程，如下所示。

生胶 → 塑炼 → 塑炼胶 → 混炼 → 混炼胶 → 成型 → 硫化 → 橡胶制品

配合剂 → 配合

橡胶制品生产工艺过程

1. 生胶（Raw rubber）的塑炼（Plastication）

生胶是线型的高分子化合物，在常温下大多数处于高弹态（Elastomeric state）。然而生胶的高弹性却给成型加工带来极大的困难，一方面各种配合剂无法在生胶中分散均匀；另一方面，由于可塑性小，不能获得所需的各种形状。为满足各种加工工艺的要求，使生胶由强韧（Tough）的弹性状态（Elastic state）变成柔软而具有可塑性（Plasticity）状态的工艺过程称作塑炼。生胶经塑炼以增加其可塑性，其实质是橡胶分子链断裂，相对分子质量降低，从而橡胶的弹性下降。在橡胶塑炼时，主要受到机械力、氧、热、电和某些化学增塑剂等因素的作用。工艺上用以降低橡胶相对分子质量获得可塑性的塑炼方法可分为机械塑炼法（Mechanical plastication）和化学塑炼法（Chemical plastication）两大类，其中机械塑炼法应用最为广泛。橡胶机械塑炼的实质是力化学反应（Mechanochemical reaction）过程，即以机械力作用及在氧或其他自由基受体存在下进行的。在机械塑炼过程中，机械力作用使大分子链断裂，氧对橡胶分子起化学降解（Chemical degradation）作用，这两个作用同时存在。

本实验选用开炼机对天然橡胶进行机械法塑炼。天然生胶置于开炼机的两个相向转动的辊筒（Roller）间隙中，在常温（小于50℃）下反复受机械力作用，使分子链断裂，与此同时断裂后的大分子自由基在空气中的氧化作用下，发生了一系列力学与化学反应，最终达到降解，生胶从原先强韧高弹性变为柔软可塑性，满足混炼的要求。塑炼的程度和塑炼的效率主要与辊筒的间隙和温度有关，若间隙越小、温度越低，力化学作用越大，塑炼效率越高。此外，塑炼的时间，塑炼工艺操作方法及是否加入塑解剂（Peptizer）也影响塑炼的效果。

2. 橡胶的配合

橡胶必须经过交联（硫化）才能改善其物理力学性能和化学性能，使橡胶制品具有实用价值。硫黄是橡胶硫化最常用的交联剂，本实验配方中的硫黄用量在5质量份之内，交联度不是很大，所得制品柔软。选用两种促进剂对天然橡胶的硫化都有促进作用；不同的促进剂同时使用，是因为它们的活性强弱及活性温度有所不同，在硫化时将促进交联作用更加协调、充分显示促进效果。助促进剂即活性剂在炼胶和硫化过程中起活化作用；化学防老剂（Chemical anti-aging agent）多为抗氧化剂（Antioxidant），用来防止橡胶大分子因加工及其后的应用过程的氧化降解（Oxidative degradation）作用，以达到稳定的目的。石蜡（Paraffins）与大多数橡胶的相容性不良，能集结于制品表面起到滤光阻氧等防老化（Anti-aging）效果，并且在成型加工中起润滑（Lubrication）作用。碳酸钙作为填充剂有增容降成本作用，其用量多少也影响制品的硬度和力学强度。机油作为橡胶软化剂可改善混炼加工性能和制品柔软性。

3. 胶料的混炼

混炼就是将各种配合剂与可塑度合乎要求的塑炼胶在机械作用下混合均匀，制成混炼胶的过程。混炼过程的关键是使各种配合剂能完全均匀地分散在橡胶中，保证胶料的组成和各种性能均匀一致。

为了获得配合剂在生胶中的均匀混合分散程度，必须借助炼胶机的强烈机械作用进行混炼。混炼胶的质量控制对保持橡胶半成品和成品性能有着重要意义。混炼胶组分比较复杂，不同性质的组分对混炼过程、分散程度以及混炼胶的结构有很大的影响。

本实验混炼也是在开炼机上进行的。为了取得具有一定的可塑度且性能均匀的混炼胶，除了控制辊距的大小、适宜的辊温（小于90℃）之外，必须按一定的加料混合程序。一般的原则是：量少难分散的配合剂首先加到塑炼胶中，让其有较长的时间分散；量多易分散的配合剂后加；硫化剂应最后加入，因为一旦加入硫化剂，便可能发生硫化效应，过长的混炼时间将会使胶料焦烧，不利于其后的成型和硫化工序。

4．橡胶制品的模型硫化

橡胶制品种类繁多，其成型方法也是多种多样的，最常见的有模压、注压、压出和压延等。由于橡胶大分子必须通过硫化才能成为最终的制品，所以橡胶制品的成型大部分仅限于半成品的成型。例如压出和压延等方法所得的具有固定断面形状的连续型制品及某些通过几部分半制品贴合而成的结构比较复杂的模型制品，仅是半成品，其后均要经硫化反应才定型为制品。而注压和模压成型的制品其硫化已在成型时同时完成，所得的就是最终的制品。

本实验采用模压成型法（模型硫化法）制取天然软质硫化胶片，它是将一定量的混炼胶置于模具的型腔内通过平板硫化机在一定的温度和压力下成型，同时经历一定的时间使胶料发生适当的交联反应，最终取得制品的过程。

天然橡胶的硫化反应机理是：在促进剂的活性温度下，由于活性剂的活化及促进剂的分解成游离基，促使硫磺成为活性硫，同时聚异戊二烯（Polyisoprene）主链上的双键打开形成橡胶大分子自由基，活性硫原子作为交联键桥使橡胶大分子间交联起来而成立体网状结构（Crosslinked network structure）。硫化过程中主要控制的工艺条件是硫化温度（Vulcanizing temperature）、压力和时间，这些硫化条件对橡胶硫化质量有非常重要的影响。

四、设备与原料

1．仪器设备

（1）XK-160A 型双辊筒开放式炼胶机，开放式炼胶机的基本结构如下所示。用于生胶塑炼和胶料混炼。

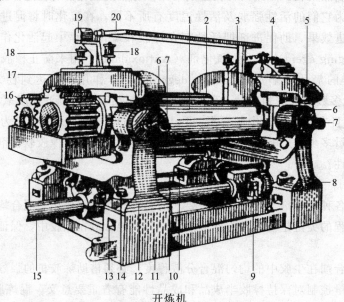

开炼机

1—前辊；2—后辊；3—挡板；4—大齿轮传动；5,8,12,17—机架；6—刻度盘；7—控制螺旋杆；
9—传动轴齿轮；10—加强杆；11—基础板；13—安装孔；14—传动轴齿轮；15—传动轴；
16—摩擦齿轮；18—加油装置；19—安全开关箱；20—紧急停车装置

（2）250kN 电热平板硫化机，用于橡胶制品的模型硫化。

（3）橡胶试片标准模具，型腔尺寸为 160mm×120mm×2mm。

（4）橡胶力学性能试样裁刀及裁剪机。

（5）A 型邵氏硬度计。

（6）CMT2203 电子拉力试验机。主要包括主机、加荷装置、试样变形测量装置、控制部分及记录计算部分。

（7）台秤、盘架天平、弓形表面温度计、测厚仪、游标卡尺、炼胶刀等。

2. 原料（配方，质量份）

下列指导性实验配方，学生可自行设计配方。

天然橡胶	100
硫黄	2.5
促进剂 CZ	1.5
促进剂 DM	0.5
硬脂酸	2.0
氧化锌	5.0
轻质碳酸钙	20～60
机油	0～5
石蜡	1.0
防老剂 4010-NA	1.0
着色剂	0.1

此配方为软质胶制品，用于成型标准试样用的胶片。

五、操作步骤

1. 配料

按设计的配方准备原材料，用台秤和盘架天平准确称量并复核备用。

2. 生胶塑炼

（1）破胶（Gel breaking）：调节辊距 1.5mm，在靠近大牙轮的一端操作，以防损坏设备。生胶碎块依次连续投入两辊之间，不宜中断，以防胶块弹出伤人。

（2）薄通：胶块破碎后，将辊距调到约 0.5mm，辊温控制在 45℃左右（以辊筒内通冷却水降温）。将破胶后的胶片在大牙轮的一端加入，使之通过辊筒的间隙，使胶片直接落到接料盘内。当辊筒上已无堆积胶时，将胶片扭转 90°角重新投入到辊筒的间隙中，继续薄通到规定的薄通次数为止。

（3）捣胶（Blending）：将辊距放宽至 1.0mm，使胶片包辊后，手握割刀从左向右割至近右边缘（不要割断），再向下割，使胶料落在接料盘上，直到辊筒上的堆积胶将消失时才停止割刀。割落的胶随着辊筒上的余胶带入辊筒的右方，然后再从右向左方向同样割胶。反复操作多次至达到所需塑炼程度。

（4）辊筒的冷却（The cooling roller）：由于辊筒受到摩擦生热，辊温要升高，应经常以手触摸辊筒，若感到烫手，则适当通入冷却水，使辊温下降，并保持不超过 50℃。

3. 胶料混炼

（1）调节辊筒温度在 50～60℃之间，后辊较前辊略低些。

（2）包辊（Package roll）：塑炼胶置于辊缝间，调整辊距使塑炼胶既包辊又能在辊缝上部有适当的堆积胶。经 2～3min 的辊压、翻炼后，使之均匀连续地包裹在前辊上，形成光滑无隙的包辊胶层。取下胶层，放宽辊距至 1.5mm 左右，再把胶层投入辊缝使其包于后辊，然后准备加入配合剂。

（3）吃粉：不同配合剂要按如下顺序分别加入。固体软化剂-促进剂、防老剂和硬脂酸-氧化锌-补强剂和填充剂-液体软化剂-硫黄。

吃粉过程中每加入一种配合剂后都要捣胶两次。在加入填充剂和补强剂时要让料自然地进入胶料中，使之与橡胶均匀接触混合，而不必急于捣胶；同时还需逐步调宽辊距，使堆积胶保持在适当的范围内。待粉料全部吃进后，由中央处割刀分往两端，进行捣胶操作促使混炼均匀。

（4）翻炼：在加硫黄之前和全部配合剂加入后，将辊距调至 0.5～1.0mm，通常用打三角包、打卷或折叠及走刀法等对胶料进行翻炼 3～4min，待胶料的颜色均匀一致、表面光滑即可下片。

（5）胶料下片：混炼均匀后，将辊距调至适当大小，胶料辊压出片。测试硫化特性曲线的试片厚度为 5～6mm，模压 2mm 胶板的试片厚度为（2.4±2）mm。下片后注明压延方向。胶片需在室温下冷却停放 8h 以上方可进行模型硫化。

（6）混炼胶的称量：按配方的加入量，混炼后胶料的最大损耗为总量的 0.6% 以下，若超过这一数值，胶料应予报废，须重新配炼。

4. 胶料硫化（Rubber vulcanization）

本实验制备一块 160mm×120mm×2mm 的硫化胶片，供机械性能测试用。

（1）混炼胶试样准备（Preparation of mixing rubber specimens）：混炼胶首先经开炼机热炼成柔软的厚胶片，然后裁剪成一定的尺寸备用。胶片裁剪的平面尺寸应略小于模腔面积，而胶片的体积要求略大于模腔的容积。

（2）模具预热（Mold preheating）：模具经清洗干净后，可在模具内腔表面涂上少量脱模剂，然后置于硫化机的平板上，在硫化温度 150℃ 下预热约 30min。

（3）加料模压硫化（Feeding and compression vulcanization）：将已准备好的胶料试样毛坯放入已预热好的模腔内，并立即合模置于压机平板的中心位置。然后开动压机加压，经数次卸压放气后加压至胶料硫化压力 1.5～2.0MPa。当压力表指示到所需工作压力时，开始记录硫化时间。本实验要求保压硫化时间为 10min，在硫化到达预定时间稍前时，去掉平板间的压力，立即趁热脱模。

脱模后的硫化胶片应在室温下放在平整的台面上冷却并停放 6～12h 才能进行性能测试。

5. 硫化胶机械性能测试（The mechanical property testing）

测试硫化制品的 100% 定伸应力（Tensile stress）、300% 定伸应力、拉伸强度（Tearing strength）、拉伸断裂伸长率（Elongation at break）、拉伸永久变形（Permanent deformation of tension）、邵氏硬度（Shore hardness）。实验应在 23℃ 左右的室温下进行。

（1）试样制备：硫化胶试片经过 12h 以上充分停放后，用标准裁刀在裁剪机上冲裁成哑铃型的试样。同一试片工作部分的厚度差异范围不准超过 0.1mm，每一种硫化胶试样的数量为 5 个。试样裁切参阅国家标准 GB/T 528—2009 的规定。

（2）拉伸性能测试：将 5 个冲裁成的标准试片进行编号，在试样的工作部分印上两条距离为（25±0.5）mm 的平行线。用测厚仪测量标距内的试样厚度，测量部位为中心处及两标线附近共三点，取其平均值。拉伸性能测试参照国家标准 GB/T 528—2009 的规定。

（3）邵氏（A）硬度测试：待测的硫化胶试片厚度不小于 6mm，若试样厚度不够，可用同样的试样重叠，但胶片试样的叠合不得超过 4 层，且要求上、下两层平面平行。试样的表面要求光滑、平整、无杂质等。邵氏（A）硬度测试参照国家标准 GB/T 531—2010 的规定。

六、说明及注意事项

1. 在开炼机上操作必须严格按操作规程进行，要求高度集中注意力。
2. 割刀时必须在辊筒的水平中心线以下部位操作。
3. 塑炼和混炼时禁止戴手套操作。辊筒运转时，手不能接近辊缝处；双手尽量避免越过辊筒水平中心线上部，送料时手应作握拳状。
4. 遇到危险时应立即触动开炼机安全刹车。
5. 模型硫化实验时，平板硫化机及模具温度较高，应戴手套进行操作，当心烫伤。

七、思考题

1. 讨论本实验用胶料硫化的实质。
2. 本实验胶料的硫化工艺（Vulcanization process）条件与硫化制品（Vulcanized products）的性能有何关系？
3. 设计一个橡胶硫化的配方，说明各组分的作用？

【实验题目 12】 橡胶硫化特性（Curing characteristics）实验

一、实验目的

1. 理解橡胶硫化特性曲线（Curing characteristics curve）测定的意义。
2. 了解橡胶硫化仪（Rubber curometer）的结构原理及操作方法。
3. 掌握橡胶硫化特性曲线测定和正硫化时间（Top optimum cure time）确定的方法。

二、操作要点及相关知识预习

1. 操作要点：硫化仪（Rubber curometer）的操作。
2. 相关知识预习：橡胶硫化历程及硫化原理（Vulcanized principle），硫化曲线（Curing characteristics curve），硫化仪（Rubber curometer）的结构，工作原理和操作规程（Operating procedures）。

三、实验原理

硫化是橡胶制品生产中最重要的工艺过程，在硫化过程中，橡胶经历了一系列的物理和化学变化，其物理力学性能和化学性能得到了改善，使橡胶材料成为有一定使用价值的材料，因此硫化对橡胶及其制品的应用有十分重要的意义。硫化是在一定温度、压力和时间条件下橡胶大分子链发生化学交联反应的过程。如何制定这些硫化条件以及在生产中实施硫化条件是各种硫化工艺的重要技术内容。

橡胶在硫化过程中，其各种性能随硫化时间增加而变化。橡胶的硫化历程可分为焦烧（Scoching）、预硫（Precure）、正硫化（Optimum cure）和过硫（Over cure）四个阶段。如图1所示。

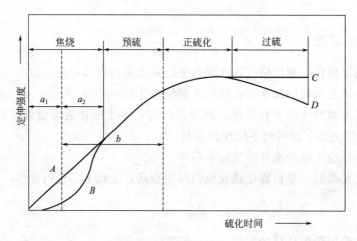

图1　橡胶硫化历程

A—起硫快速的胶料；B—有延迟特性的胶料；C—过硫后定伸强度继续上升的胶料；D—具有
返原性的胶料；a_1—操作焦烧时间；a_2—剩余焦烧时间；b—模型硫化时间

焦烧阶段又称硫化诱导期（Induction period of cure），是指橡胶在硫化开始前的延迟作用时间，在此阶段胶料尚未开始交联，胶料在模型内有良好的流动性。对于模型硫化制品，胶料的流动、充模必须在此阶段完成，否则就发生焦烧。

预硫阶段（The sulfur phase）是焦烧期以后橡胶开始交联的阶段。在此阶段，随着交联反应的进行，橡胶的交联程度逐渐增加，并形成网状结构（Networkstructure），橡胶的物理力学性能（Physical and mechanical properties）逐渐上升，但尚未达到预期的水平。

正硫化阶段（Optimum cure phase），橡胶的交联反应达到一定的程度，此时的各项物理力学性能均达到或接近最佳值（Optimum value），其综合性能（Comprehensive properties）最佳。

过硫阶段（Over cure phase）是正硫化以后继续硫化，此时往往氧化及热断链反应占主导地位，胶料会出现物理力学性能下降的现象。

由硫化历程（Vulcanization process）可以看到，橡胶处在正硫化时，其物理力学性能或综合性能达到最佳值，预硫或过硫阶段胶料性能均不好。达到正硫化状态所需的最短时间为理论正硫化时间，也称正硫化点（Optimum cure point），而正硫化是一个阶段，在正硫化阶段中，胶料的各项物理机械性能保持最高值，但橡胶的各项性能指标往往不会在同一时间达到最佳值，因此准确测定和选取正硫化点就成为确定硫化条件和获得产品最佳性能的决定因素。

从硫化反应动力学原理来说，正硫化应是胶料达到最大交联密度时的硫化状态，正硫化时间应由胶料达到最大交联密度所需的时间来确定比较合理。在实际应用中是根据某些主要性能指标（与交联密度成正比）来选择最佳点，确定正硫化时间。

目前用转子旋转振荡式硫化仪来测定和选取正硫化点最为广泛。这类硫化仪能够连续地测定与加工性能和硫化性能有关的参数，包括初始黏度（The initial viscosity）、最低黏度（The lowest viscosity）、焦烧时间（Scorching time）、硫化速度（Curing rate）、正硫化时间（Optimum cure time）和活化能（Activation energy）等。实际上硫化仪测定记录的是转矩值，以转矩的大小来反映胶料的硫化程度，其测定的基本原理是根据弹性统计理论：

$$G = \rho RT$$

式中　G——剪切模量，MPa；

　　　ρ——交联密度，mol/mL；

　　　R——气体常数，Pa·L/(mol·K)；

　　　T——绝对温度，K。

即胶料的剪切模量（Shear modulus）G 与交联密度 ρ 成正比。而 G 与转矩 M 是存在一定的线性关系的。从胶料在硫化仪的模具中受力的分析可知，转子作 $\pm3°$ 角度摆动时，对胶料施加一定的作用力使之产生形变（Deformation）。与此同时，胶料将产生剪切力（Shear force）、拉伸力（Drawing force）、扭力（Twisting force）等，这些合力对转子将产生转矩 M，阻碍转子的运动。随着胶料逐渐硫化，其 G 也逐渐增加，转子摆动在固定应变的情况下，所需转矩 M 也就成正比例地增加。综上所述，通过硫化仪测得胶料随时间的应力变化（硫化仪以转矩读数反映），即可表示剪切模量的变化，从而反映硫化交联过程的情况。图 2 为由硫化仪测得胶料的硫化曲线。

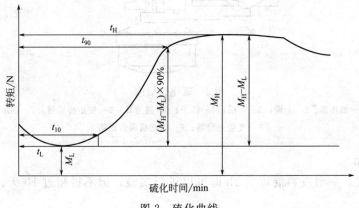

图 2　硫化曲线

在硫化曲线中，最小转矩 M_L 反映胶料在一定温度下的可塑性，最大转矩（Maximum torque）M_H 反映硫化胶的模量，焦烧时间和正硫化时间根据不同类型的硫化仪有不同的判别标准，一般取值是：转矩达到 $(M_H - M_L) \times 10\% + M_L$ 时所需的时间 t_{10} 为焦烧时间，转矩达到 $(M_H - M_L) \times 90\% + M_L$ 时所需的时间 t_{90} 为正硫化时间，$t_{90} - t_{10}$ 为硫化反应时间，其值越小，硫化速度越快。

四、设备原料

1. 实验仪器

橡胶硫化仪的基本结构如图 3 所示。主要包括主机传动部分、应力传感器（Stress sensor）与微机控制（Microcomputer control）和数据处理系统（Data processing system）等组成。主机包括开启模的风筒、上下加热模板、转子、主轴、偏心轴、传感器、蜗轮减速机和电机等部分。硫化仪工作原理是该仪器的工作室（模具）内有一转子不断地以一定的频率[(1.7±0.1)Hz]作微小角度（±3°）的摆动。而包围在转子外面的胶料在一定的温度和压力下，其硫化程度逐步增加，模量则逐步增大，造成转子摆动转矩也成比例地增加。转矩值的变化通过仪器内部的传感器换成信号送到记录仪上放大并记录下来，转矩随时间变化的曲线即为硫化特性曲线。

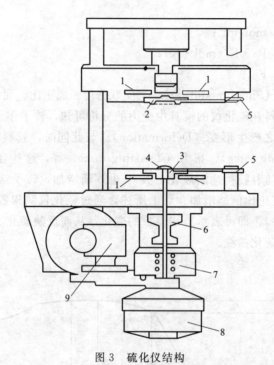

图3　硫化仪结构

1—加热器；2—上模；3—下模；4—转子；5—温度计；6—扭矩传感器；7—轴承；
8—气动夹持器；9—电动机和齿轮箱

2. 实验样品

橡胶混炼胶，一般胶料混炼后2h即可以进行实验，但不得超过10天。配方如下（质量份）。

天然橡胶（Crude rubber）	100
硫黄（Sulphur）	2.5
促进剂 CZ（Accelerantor）	1.5
促进剂 DM（Accelerantor）	0.5
硬脂酸（Stearic acid）	2.0
氧化锌（Zinc oxide）	5.0
轻质碳酸钙（Light calcium carbonate）	20～60
机油（Machine oil）	0～5
石蜡（Paraffins）	1.0
防老剂 4010-NA（Anti-aging agent）	1.0
着色剂（Coloring agent）	0.1

五、操作步骤

1. 接通总开关,电源供电,指示灯亮。
2. 开动压缩机为模腔备压。
3. 设定仪器参数:温度、量程、测试时间等。待上、下模温度升至设定温度,稳定 10min。
4. 开启模具,将转子插入下模腔的圆孔内,通过转子的槽楔与主轴连接好。闭合模具后,转子在模腔内预热 1min,开模,将胶料试样置于模腔内,填充在转子的四周,然后闭模。装料闭模时间愈短愈好。
5. 模腔闭合后立即启动电机,仪器自动进行实验。
6. 实验到预设的测试时间,转子停止摆动,上模自动上升,取出转子和胶样。
7. 清理模腔及转子。
8. 在其他条件不变的情况下,同一种胶料分别以几个不同的温度作硫化特性实验。对天然橡胶,依次以 140℃、150℃、160℃、170℃和180℃等温度测定其硫化特性曲线。

六、说明及注意事项

1. 不得用金属工具接触模具型腔,取出转子时注意不得擦伤模具型腔和转子。
2. 清理模腔时不能有废料落入下模腔孔内。
3. 在测试时间内若需终止实验,或实验以达到要求,可以通过微机控制系统停止测试。

七、思考题

1. 什么叫正硫化时间、焦烧时间?
2. 未硫化橡胶硫化特性曲线的测定有什么意义?

高分子涂料实验

（Experiments of Polymer Coating）

【实验题目1】 醇酸树脂的合成和醇酸清漆的制备

一、实验目的

1. 掌握缩聚反应的原理和醇酸树脂（Alkyd resin）的合成方法。
2. 了解醇酸清漆（Alkyd varnish）的配制及漆膜（Varnish film）的干燥过程。

二、操作要点及相关知识预习

缩聚反应的原理。

三、实验原理

1. 醇酸树脂的合成原理

醇酸树脂是指以多元醇（Polyols）、多元酸（Polybasic acids）与脂肪酸（Fatty acids）或植物油（Plant oil）为原料制成的树脂。邻苯二甲酸（Phthalic acid）和甘油（Glycerin）以等当量反应时，反应到后期会发生凝胶化，形成网状交联结构的树脂；若加入脂肪酸或植物油，使甘油先变成甘油-酸酯，成为二官能团化合物，再与邻苯二甲酸反应成为线型缩聚物，不会出现凝胶化（Gelation）。如果所用脂肪酸中含有一定数量的不饱和双键（Unsaturated bond），则所得的醇酸树脂能与空气中的氧发生反应而交联成不溶的干燥漆膜（Drying varnish）。

合成醇酸树脂通常先将植物油与甘油在碱性催化剂存在下进行醇解反应（Alcoholysis reaction），以生成甘油-酸酯，然后加入苯酐（Phthalic anhydride）进行缩聚反应，同时脱去水，最后生成醇酸树脂。

2. 醇酸清漆的配制（Preparation）原理

醇酸树脂一般情况下主要是线型聚合物，但由于所用的油如亚麻油（Linseed oil）、桐油（Tung oil）、大豆油等的脂肪酸根中含有不饱和双键，当涂成薄膜后与空气中的氧发生反应，逐渐转化成固态的漆膜，这个过程称为漆膜的干燥。其机理是相当复杂的，主要是氧在邻近双键的—CH$_2$—处被吸收，形成氢过氧化物（Hydroperoxide），这些氢过氧化物再引发聚合，使分子间交联，最终形成网状结构（Network structure）的干燥漆膜（Dry film）。现以 ROOH 代表脂肪酸根中的氢过氧化物、RH 代表未被氧化的脂肪酸根，则机理大致如下式所示：

$$ROOH \longrightarrow RO\cdot + \cdot OH$$
$$2ROOH \longrightarrow RO\cdot + ROO\cdot + H_2O$$
$$RO\cdot + RH \longrightarrow ROH + R\cdot$$
$$RH + \cdot OH \longrightarrow R\cdot + H_2O$$
$$R\cdot + \cdot R \longrightarrow R-R$$
$$RO\cdot + R\cdot \longrightarrow R-O-R$$
$$RO\cdot + RO\cdot \longrightarrow R-O-O-R$$

该过程在空气中进行得相当缓慢，但某些金属如钴（Cobalt）、锰（Manganese）、铅（Lead）、锌（Zinc），钙（Calcium）、锆（Zirconium）等的有机酸皂类化合物对此过程有催化加速的作用，这类物质称作催干剂（Drier）。

醇酸清漆主要由醇酸树脂（Alkyd resin）、溶剂如甲苯（Toluene）、二甲苯（Xylene）、溶剂汽油（Solvent gasoline）以及多种催干剂（Driers）组成。

四、仪器药品

1. 仪器：四口烧瓶（250mL），球形冷凝管，温度计（0～200℃，0～300℃），分水器（Water segregator），电热套（Heating mantle），电动搅拌器，加料漏斗，烧杯（100mL、200mL），漆刷（Paint brush），胶合板或木板，量筒（10mL、100mL），氮气瓶，滤布，电热干燥箱（Electric oven），分析天平，铅笔硬度计，漆膜附着力测试仪，漆膜弹性测定器，漆膜冲击器。

2. 药品：亚麻油，甘油，苯酐，氢氧化锂，二甲苯，溶剂汽油，甲苯，乙醇，氢氧化钾，亚麻油醇酸树脂（Linseed alkyd resin）（50％），环烷酸钴（Cobalt naphthenate）（4％），环烷酸锌（Zinc naphthenate）（3％），环烷酸钙（Calcium naphthenate）（2％），溶剂汽油。

五、操作步骤

1. 醇酸树脂的合成

（1）亚麻油醇解（Linseed oil alcoholysis）

在装有电动搅拌器、温度计、球形冷凝管、分水器（分水器中装满二甲苯直至支管口为止，这部分二甲苯不计入配方量中）的 250mL 四口烧瓶中加入 88.2g 亚麻油和 27.3g 甘油，通氮气，搅拌加热至 120℃，然后加入 0.1g 氢氧化锂（Lithium hydroxide）；继续加热至 240℃，保持醇解 30min，取样测定反应物的醇溶性，当所测试样液达到透明（Transparent）时即为醇解终点；若样液不透明，则继续反应，取样测定，到达终点后将其降温至 200℃。

（2）酯化（Esterification）

将 55.8g 苯酐用加料漏斗分批加入四口烧瓶中，反应温度保持 180～200℃，约在 15～25min 内加完。然后加入 8.5g 二甲苯，缓慢升温至 230～240℃，回流 2～3h。取样测定酸值，当树脂酸值小于 15～20mg KOH/g 时为反应终点。搅拌冷却至 80℃ 以下，加入 155g 溶剂汽油稀释，用滤布过滤，得醇酸树脂溶液，备用。

（3）终点控制（Terminal control）及成品测定（Finished products assaying）

醇解终点测定：取 0.5mL 醇解物加入 5mL 95% 乙醇，剧烈振荡混匀后放入 25℃ 水浴中，若样液透明说明终点已到；若样液混浊则继续醇解直至透明。

测定酸值（Acid value）（X）：取样 2～3g（精确称至 0.1mg），溶于 30mL 甲苯与乙醇的混合液中（体积比为甲苯：乙醇＝2：1），加入 4 滴酚酞指示剂（Phenolphthalein indicator），用氢氧化钾-乙醇标准溶液滴定。然后用下式计算酸值：

$$X = [(V_1 - V_2) \times C \times 56.10]/m$$

式中　C——KOH 的浓度，mol/L；

　　　m——样品的质量，g；

V_1，V_2——滴定前后 KOH 溶液的体积，mL。

测定固体含量：取样 1.5～2.0g，精确至 0.0002g，烘至恒重（120℃，2h），计算百分含量。以质量百分数表示的固体含量 X 按下式计算：

$$X = (m_1 - m_0)/m_2 \times 100\%$$

式中　m_0——称量瓶质量，g；

　　　m_1——干燥后试样与称量瓶的质量，g；

　　　m_2——试样质量，g。

允许差：取平行测定结果的算术平均值（Arithmetic mean value）为测定结果，两次平行测定结果的绝对差值不大于 3%。

测定黏度：用溶剂汽油调整固含量至 50% 后测定。

2. 醇酸清漆及漆膜样板制备

醇酸清漆制备：将 50g 50% 亚麻油（Linseed oil）醇酸树脂、0.35g 4% 环烷酸钴、0.22g 3% 环烷酸锌、1.43g 2% 环烷酸钙和 3.5g 溶剂汽油加入烧杯内，用搅拌棒调匀。

漆膜样板制备：将上述醇酸清漆均匀涂刷在经打磨、清洁处理过的马口铁片上，静置流平。可在自然环境条件下干燥成膜，也可在（65＋5）℃ 条件下烘干。当漆膜实干后，按检测标准测定漆膜的硬度、附着力、柔韧性和冲击强度。

样品要求如下。

外观：透明无杂质。

固体含量/%：≥45。

干燥时间/25℃：表干≤6h，实干≤24h。

表干时间的测定：用漆刷均匀涂刷三合板样板，观察漆膜干燥情况，用手指轻按漆膜直至无指纹为止，即为表干时间。

硬度：按照 GB/T 6739—2006，采用铅笔硬度计测定漆膜的硬度。

附着力：按照 GB/T 1720—1988，采用漆膜附着力试验仪测定漆膜的附着力。

柔韧性：按照 GB/T 1731—1993，采用漆膜弹性测定器测定漆膜的柔韧性。

耐冲击性：按照 GB/T 1732—1993，采用漆膜冲击器测试漆膜的耐冲击性。

六、注意事项

1. 工作场所必须杜绝火源；必须严格注意安全操作，防止着火。

2. 各升温阶段必须缓慢均匀，防止冲料。

3. 加苯酐时不能太快，注意是否有泡沫（Foam）升起，防止溢出。

4. 加二甲苯时必须移去热源，并注意不要泄漏到烧瓶的外面。

5. 涂刷样板时要涂刷均匀，不能太厚，以免影响漆膜的干燥。

七、思考题

1. 为什么反应要分成两步，即先醇解后酯化？是否能将亚麻油、甘油和苯酐直接混合在一起反应？

2. 缩聚反应有何特点？加入二甲苯的作用是什么？

3. 为什么用反应物的酸值来决定反应的终点？酸值与树脂的分子量有何联系？

4. 请设计制备改性大豆油醇酸树脂。

【实验题目2】 改性丙烯酸乳液合成、乳胶涂料制备及调色

一、实验目的

1. 掌握聚丙烯酸酯乳液（Polyacrylate emulsion）的设计、合成方法，熟悉乳液聚合（Emulsion polymerization）的原理。

2. 了解聚丙烯酸酯乳液的改性思路及对性能的影响关系。

3. 掌握聚丙烯酸酯乳胶涂料的制备及性能测试方法。

4. 掌握乳胶涂料（Latex paint）的色漆配方（Paint formulation）设计及颜色调配（Coloring match）。

二、相关知识预习

1. 氟改性树脂的特点

氟原子（Fluorine atom）具有最大的电负性（Electronegativity）（4.0）、半径小（F 原子半径 0.135 nm）、键能大（C-F 键键能 460kJ/mol，C-C 键键能 347kJ/mol）的特点。氟原子半径比氢原子略大（H 原子半径 0.120nm），但比其他元素的原子半径都小，含氟聚合物分子链中氟原子能把 C-C 主链严密地包住，即使最小的原子也难以楔入（Wedge）碳主链，氟原子极化率在所有元素中最低，使得 C-F 键的极性较强。含有 C-F 键的聚合物分子之间作用力小，因而含氟丙烯酸酯类聚合物不但保持了丙烯酸酯乳胶膜（Latex film）原来的特性，还具有特异的表面性能（拒水，Water-repellency、拒油，Oil-repellency、抗沾污，

Contamination resistance）和优异的光学（Optics）、电学性能（Electrical properties）、低折射率（Refractive index）、低介电常数（Dielectric constant）和高绝缘性（Insulativity）。因此，含氟丙烯酸酯聚合物乳液在纺织（Textile）、皮革（Leather）、光通信（Optical communication）等领域具有很好的应用前景。

有机氟碳聚合物因氟元素的特性而具有优异的耐溶剂（Solvent resistance）、耐油（Oil resistance）、耐候性（Weather-proof）、耐高温（Thermostability）、耐化学品（Chemical resistance）、表面自洁（Self-cleaning）等性能，在高分子材料中占有十分重要的地位，已广泛地应用在涂料、表面活性剂（Surfactant）、防火剂（Fire-proofing agent）、医学（Medicine）、光学（Optics）等众多领域，尤其在涂料行业中得到了迅速发展。

2. 自我调研学习

对国内外建筑行业乳胶涂料现有产品生产技术现状、研究开发动态作调研，写出相关报告。

三、实验原理

目前市场上广泛使用的苯乙烯-丙烯酸酯（Styrene-acrylate）共聚乳液（简称苯丙乳液）以其成本低廉、性能优异而广泛用作各种涂料和胶黏剂等，但其耐水耐油性、耐高低温性、耐候性和抗污性等尚不理想。设想通过在丙烯酸酯聚合物中引入含氟基团得到聚丙烯酸氟代烷基酯（Fluorinated alkyl ester），含氟侧链可对主链和内部分子屏蔽（Shield）保护，使丙烯酸酯不仅保持了其原有特性，还可有效地提高其稳定性、耐候性、抗污性和耐油耐水性。本实验重点考察经氟改性后的乳胶涂料耐水性的变化情况。

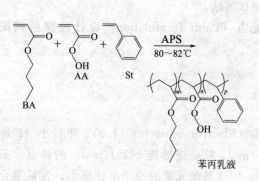

图 1 纯丙乳液制备路线

目前常见纯丙乳液制备路线如图 1 所示；常见苯丙乳液（Styrene-acrylic emulsion）制备路线如图 2 所示；本实验氟改性苯丙乳液制备路线如图 3 所示。

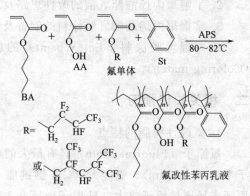

图 2 苯丙乳液制备路线　　　图 3 氟改性苯丙乳液制备路线

四、仪器药品

1. 仪器：四口烧瓶（250mL），球形冷凝管，滴液漏斗，水浴锅，电动搅拌器，高速分散机，研磨仪，计算机调色系统（Tinting Systems），傅里叶红外光谱仪（FT-IR spectrometer），差示扫描量热仪（Differential Scanning Calorimetry，DSC），界面张力仪（Interfacial tensiometer），Zeta电位及纳米粒度分析仪（Zeta potential and Nanoparticle size analyzer），光学接触角测量仪（Optical Contact Angle Meter），最低成膜温度测定仪（Minimum film forming temperature measuring instrument）。

2. 试剂：丙烯酸正丁酯（BA），甲基丙烯酸甲酯（MMA），苯乙烯（St），丙烯酸（AA），甲基丙烯酸十二氟庚酯，甲基丙烯酸六氟丁酯，乳化剂（Emulgator）壬基酚聚氧乙烯醚（OP-10），乳化剂十二烷基硫酸钠（SDS），过硫酸铵（APS），氨水，碳酸氢钠，乙二醇，去离子水，增稠剂（Thickener），防霉剂（Mildew preventive），消泡剂（Antifoaming agents），颜料（Pigment），填料（Filler）。

五、操作步骤

1. 聚丙烯酸酯乳液合成

参考配方（质量份）

药品名称	实验1号	实验2号	实验3号	实验4号
丙烯酸丁酯（BA）	33.0	25.0	23.5	23.5
甲基丙烯酸甲酯（MMA）	17.0	—	—	—
苯乙烯（St）	—	25.0	23.5	23.5
丙烯酸（AA）	—	1.0～1.2	1.0～1.2	1.0～1.2
甲基丙烯酸十二氟庚酯	—	—	3.0	—
甲基丙烯酸六氟丁酯	—	—	—	3.0
过硫酸铵（APS）	0.2～0.3	0.2～0.3	0.2～0.3	0.2～0.3
十二烷基硫酸钠（SDS）	0.4～0.5	0.4～0.5	0.4～0.5	0.4～0.5
OP-10	0.7～0.8	0.7～0.8	0.7～0.8	0.7～0.8
碳酸氢钠	适量	适量	适量	适量
去离子水	50.0	50.0	50.0	50.0

2. 实验步骤

将引发剂APS配成2%溶液待用。将SDS、OP-10、去离子水加入四口烧瓶，搅拌溶解，加入适量碳酸氢钠，升温至60℃；再加入1/2 APS溶液，10%～15%（质量）的混合单体，加热慢慢升温，温度控制在70～75℃。如没有显著的放热反应，则逐步升温至80～82℃，将余下的混合单体均匀滴加，同时滴加剩余引发剂（也可分3～4批加入），约1.5～2h滴完，再保温1h；升温至85～90℃，保温0.5～1h。冷却，用氨水调节pH为9～9.5，过滤出料，测固体含量及黏度。

3. 也可分组自行设计乳液制备配方及合成工艺。

4. 乳胶涂料色漆配方设计及调色

（1）成膜物的选择

采用本实验制备的乳液、市售乳液。

（2）颜料的选择及用量

设计外墙乳胶涂料（Exterior emulsion coating）颜色，确定配方组成的颜料体积浓度（PVC）。

（3）制备典型色浆（Mill base），确定优化工艺（Process optimization）。

（4）按标准色卡或试样颜色要求，人工调制出乳胶色漆。

（5）通过计算机调色系统，配制乳胶色漆。

5. 测试、表征

固体含量：按 GB/T 1725—2007 测定。

乳液黏度：用旋转黏度计（Rotational viscometer）测定。

吸水率：按 GB/T 1733—1993《漆膜耐水性测定法》测定。

钙离子稳定性：取少量乳液与质量分数为 5％的氯化钙溶液按质量比 1：4 混合、摇匀，静置 48h 后观察乳液，如果不凝聚、不分层、不破乳，表明乳液的钙离子稳定性合格。

稀释稳定性：用水将乳液稀释到固体质量分数为 10％，密封静置 48h，观察乳液是否分层，如果不分层，表明乳液的稀释稳定性合格。

贮存稳定性：将一定量的乳液置于阴凉处密封，室温保存，定期观察乳液有无分层或沉淀现象，如无分层或沉淀，表明乳液具有贮存稳定性。

聚合稳定性：聚合过程中如果出现乳液分层（Creaming）、破乳（Demulsification）、有粗粒子及凝聚（Coagulation）现象则视为不稳定。

红外光谱（FT-IR）分析：将乳液均匀地涂在载玻片（Glass slide）上成膜，取下乳胶膜后在索式提取器（Soxhlet extractor）中用四氢呋喃（THF）抽提 24h，对抽提后乳胶膜采用红外光谱仪进行分析测定。

玻璃化转变温度（T_g）测定：用差示扫描量热仪（Differential Scanning Calorimetry）测定。

乳液的界面张力（Interfacial tension）的测定：用自动界面张力仪（Automatic interfacial tensiometer）测定。

接触角（Contact angle）的测定：将乳液均匀地涂在载玻片上成膜，在烘箱中干燥后用接触角测量仪测定乳胶膜与水的接触角。

乳液 Zeta 电位和乳液粒径测定：用 Zeta 电位及纳米粒度分析仪测定。

乳液最低成膜温度的测定：按照 GB/T 9267—2008，用最低成膜温度测定仪测定。

六、说明及注意事项

1. 进行乳液聚合时要严格控制反应温度和时间。

2. 加入单体时要缓慢滴加，避免产生爆聚（Implosion）。

3. 注意观察不同配方合成的乳液性状，比较其性能。

七、思考题

1. 有机氟的加入对乳胶漆膜的润湿性有什么影响？

2. 请解释碳酸氢钠在本实验中的作用。

3. 请解释为何要将乳化剂 SDS 与 OP-10 复合使用？

4. 人工调色要注意哪些方面？

【实验题目3】 有机硅改性聚氨酯树脂制备

一、实验目的

1. 了解有机硅（Organosilicone）材料和常规聚氨酯的性能特点，通过改性设计，得到性能优良的涂料用树脂。

2. 掌握有机硅改性聚氨酯树脂的设计；对有机硅改性聚氨酯树脂结构进行表征，测试所得聚合物膜的力学性能、表面憎水性和热稳定性能。

3. 了解有机硅改性聚氨酯涂料的一些应用。

二、相关知识预习

聚氨酯（PU）一般是由二异氰酸酯（Diisocyanate）、小分子扩链剂（Chain extender）、聚醚（Polyether）或聚酯多元醇（Polyester polyol）聚合而成，其中前两者组成聚氨酯的硬段，后者形成软段。由于物理交联点的硬段和高柔性软段的共同作用，聚氨酯具有耐磨性好、硬度范围宽、强度高、伸长率高、耐油性好等优点，以乳液、树脂、弹性体等形式广泛应用于国防、轻工、纺织、油田、矿山、交通、机械、建筑、医疗、体育等领域，但其存在耐高温、耐老化性能不佳等缺点。有机硅材料是分子结构中含有硅元素的高分子合成材料，其中聚有机硅氧烷应用最为广泛，其主链由—Si—O—Si—骨架组成，有机基团与硅原子相连形成侧基，有机硅的这种特殊结构和组成，使其具有柔顺性（Flexibility）好、表面张力（Surface tension）低、生物相容性（Biocompatibility）好、耐候性（Weatherability）好、热稳定性（Thermostability）好、化学稳定等优点，因此，以硅烷、硅油、硅树脂和硅橡胶等形式广泛用于工农业生产、新兴技术、国防军工、医疗卫生以及人们的日常生活中，但其机械强度、黏附力有待提高。

三、实验原理

将端羟基硅油以嵌段的方式引入聚氨酯大分子链段中，羟基和异氰酸根反应得到一系列有机硅-聚氨酯聚合物。从分子链段结构看，聚硅氧烷-聚氨酯嵌段共聚物（Segmented copolymer）中的有机硅链段可提供优异的热稳定性（Thermostability）、介电性（Dielectricity）、柔韧性（Flexibility）、耐水性（Water resistence）、透气性（Ventingquality）及生物相容性，聚氨酯链段则可提供良好的力学性能、耐磨性（Abrasive resistance）、耐油性（Oil resistance）等，可克服聚硅氧烷力学性能差的缺点，同时也可弥补聚氨酯耐候性、耐高温性差的不足。

四、仪器药品

1. 仪器：四口烧瓶，冷凝装置，机械搅拌器，氮气瓶，聚四氟乙烯板，NDJ25S 旋转黏度计，Instron 1121 拉伸断裂强度测试仪，铅笔硬度计，漆膜附着力试验仪（Film adhesion tester），漆膜冲击器（Paint film impact tester），Nexus 670 傅里叶变换显微红外光谱仪，HARKE26PcA 接触角测量仪，EXSTAR 6000 热失重分析仪，JSM 26360 SEM 型扫描电子显微镜。

2. 试剂：异佛尔酮二异氰酸酯（Isophorone diisocyanate）（IPDI），聚丙二醇（PPG，$M_n = 1000$），端羟基聚二甲基硅氧烷（DHPDMS，$M_n = 2000$），1,4-丁二醇（BDO），三羟甲基丙烷（TMP），丁酮（MEK），乙酸丁酯（BA），二月桂酸二丁基锡（DBTDL）。

五、实验步骤

1. 预先设计反应物的配比及制备工艺。

2. 按照一定的配比称量 PPG 和 DHPDMS。

3. 将称好的 PPG 和 DHPDMS 加入带有机械搅拌、冷凝装置、氮气保护和滴液漏斗的四口烧瓶中；以 MEK 和 BA 作混合溶剂，向烧瓶中滴加 IPDI，再加入 DBTDL 作催化剂，60℃左右反应直至用二正丁胺法测定—NCO 达到理论值，预聚反应结束，得到—NCO 封端的有机硅嵌段的聚氨酯预聚体（Polyurethane prepolymer）。

4. 向四口瓶中滴加事先溶解在混合溶剂中的 BDO、TMP，对预聚体进行扩链（交联），70℃左右反应至—NCO 消失，得到以 MEK 和 BA 为溶剂的—OH 封端的 Si-PU 聚合物溶液（Polymer solution）。

5. 取一定量的 Si-PU 聚合物溶液，在聚四氟乙烯板上自然流平，室温放置 6h，60℃干燥 24h，90℃干燥 3h，得到 Si-PU 聚合物膜，要求膜平整无气泡。

六、分析测试

1. 红外光谱表征

将改性聚合物溶液成膜，使用 Nexus 670 傅里叶变换显微红外光谱仪对特征官能团进行表征。

2. 黏度测定

将聚合物溶液配制成同一固含量，在室温下用 NDJ25S 旋转黏度计测定。

3. 吸水率的测定

将待测聚合物溶液配置成同一固体含量（Solid content），然后将其流延（Curtain coating）在平置的载玻片上，室温下放置 24h 后成膜。将制得的涂膜在 60℃下干燥 24h 恒重后称量，然后在室温下放入蒸馏水中浸泡 24h 后取出，用滤纸吸干表面水痕后称重，按下式计算涂膜的吸水率：

$$吸水率 = \frac{m - m_1}{m_1 - m_0}$$

式中　m_0——载玻片质量；

　　　m——涂膜 24h 吸水后的质量；

　　　m_1——涂膜烘干后的载玻片和涂膜总质量。

4. 水接触角的测定

采用 HARKE26PcA 接触角测量仪测试。将去离子水滴于薄膜表面 1min 后进行读数，每个样品选相互距离 5mm 的 3 个点，取平均值。

5. 拉伸性能

按照 GB/T 528—1998，将涂膜制成标准的哑铃型（Dumbbell-shaped）试样，采用 Instron 1122 拉伸断裂强度测试仪测定膜的断裂强度和断裂延伸率。

6. 按照 GB/T 6739—2006，采用铅笔硬度计测定漆膜的硬度。

7. 按照 GB/T 1720—1988，采用漆膜附着力试验仪测试漆膜的附着力。

8. 按照 GB/T 1732—1993，采用漆膜冲击器测试漆膜的耐冲击性。

9. 采用 EXSTAR 6000 热失重分析仪测试膜的热稳定性。

10. 采用 JSM26360 SEM 型扫描电子显微镜对膜表面的微观形态（Micromorphology）进行观察。

七、说明及注意事项

在进行合成反应前，要注意原料及反应器的脱水除湿处理。

八、思考题

请比较分析经有机硅改性后的聚氨酯树脂的哪些性能发生了明显改变？

【实验题目 4】 水性聚氨酯树脂制备

一、实验目的

1. 掌握水性聚氨酯（Water-based polyurethane）的合成原理与制备工艺。
2. 了解水性聚氨酯的应用。

二、相关知识预习

聚氨酯即聚氨基甲酸酯（Polyurethane）（PU），它是在分子结构中含有重复的氨基甲酸酯链节（—NHCOO—）的高分子聚合物的总称。自从 1937 年德国 Bayer 教授首次合成聚氨酯以来，聚氨酯以其软硬段可调节范围广、耐低温、柔韧性好、附着力好等优点逐渐被人们所认识。聚氨酯涂料具有优异的耐磨性、柔韧性和其他一些力学性能，同时还具有良好的耐化学品性，因而广泛应用于各个领域。20 世纪 60 年代以来，随着各发达国家环保意识的增强及环保法规的确立，传统的溶剂型涂料中的挥发性有机化合物（VOC）的排放越来越受到限制，水性涂料取代传统的溶剂型聚氨酯涂料的趋势越来越明显。20 世纪 70 年代，美国、德国、日本等国一些水性聚氨酯产品已经从开发试制阶段发展为实际生产和应用，其应用领域已涵盖木器、建筑、汽车、飞机等众多领域，具有广阔的发展前景。

三、实验原理

水性聚氨酯树脂是指聚氨酯树脂溶于水或分散于水中而形成的二元胶态体系。该聚合物的分子结构中含有相当数量的氨酯键（—NHCOO—）、醚键、酯键、脲键、脲基甲酸酯键，使得邻近分子链间有多重氢键，使线型聚合物在分子量相对低的情况下，就具有较好的性能；另外，聚氨酯可看作是一种含软链段和硬链段的嵌段共聚物，即聚氨酯的硬段起增强作用，提供多官能度物理交联，软段基体被硬段相区交联。聚氨酯优良的性能来源于硬段相区与软段相区之间微观相分离和硬段和软段之间的氢键。

水性聚氨酯的制备方法有：外乳化法和自乳化法。

1. 外乳化法（External emulsion method）

外乳化法又称强制乳化法，在乳化剂的作用下，用高剪切力（Shear force）强制分散制备出高浓度的分散体。这种聚氨酯由于不易溶于水，因此需通过强烈的搅拌，依靠剪切力和大量乳化剂将聚氨酯强制乳化分散于水中，有时为了提高异氰酸酯的分散性，也会加入少量的有机助溶剂如阴离子表面活性剂（Anionic surfactant）进行稀释。由于大多数强制乳化法研制的聚氨酯分散体稳定性较差，分散体粒径较大，物性低劣，涂膜的耐水性、韧性和黏着性和储存稳定性不好，现在已经逐步向自乳化聚氨酯分散液的方向发展。

2. 自乳化法（Self-emulsification method）

自乳化法或内乳化法的主要原理是在聚氨酯链上引入一些亲水性基团，使聚氨酯分具有一定的亲水性，然后在剧烈搅拌下，不外加乳化剂，凭借这些亲水基团使之自发地分散于水中，从而制成水性聚氨酯。通过调节亲水性（Hydrophily）基团与疏水性（Hydrophobicity）基团的比例，可以制得多种类型的水性聚氨酯。自乳化法制得的水性聚氨酯分散体粒径小，稳定性高，成膜性、黏附性好，是目前制备水性聚氨酯的主要方法。亲水基团的引入方法可采用单体扩链法、接枝法、直接引入法。单体扩链法具有生产工艺简便、应用范围广等优点，是生产水性聚氨酯常用的主要方法。

四、仪器药品

1. 仪器：四口烧瓶，冷凝装置，机械搅拌器，氮气，滴液漏斗，聚四氟乙烯板，NDJ25S 旋转黏度计，Nexus 670 傅里叶变换显微红外光谱仪，HARKE26PcA 接触角测量仪，Instron 1122 拉伸断裂强度测试仪、铅笔硬度计、漆膜附着力试验仪、漆膜冲击器、EXSTAR 6000 热失重分析仪、JSM26360 SEM 型扫描电子显微镜。

2. 药品及参考配方

参考配方

配方	指标
新戊二醇	52.1g
偏苯三甲酸酐	54.1g
2,2-二羟甲基丙酸（DMPA）	20.0g
二甲苯	127.0mL
甲苯（回流用）	20.0mL
己二异氰酸酯（HDI）	504.1g
二甲苯（脱水）	252.0mL
甲苯	25.0mL
亲水性溶剂	适量
50%三乙胺水溶液	24~36mL

五、实验步骤

配方设计：—NCO：H_2O＝3：1.1，—NCO：OH＝6：1，理论 NCO 含量为 15.9%；采用分阶段聚合反应、中和法。

1. 多元醇-羧酸溶液的制备

按配方将新戊二醇（Neopentyl glycol）、偏苯三甲酸酐（Trimellitic Anhydride）、DMPA、二甲苯、回流用甲苯加入四口烧瓶中，升温至80℃溶解均匀，再升温至回流脱水至透明无水后，降温至40℃，出料备用。

2. HDI预聚体制备

按配方将己二异氰酸酯、脱水二甲苯加入四口烧瓶中，通入氮气，升温至65℃，加入甲苯搅匀，将去离子水加入滴加釜开始滴加，反应自放热，控制自升温在80℃以下，完成滴加后，升温至90℃反应1h、120℃ 2h、130℃ 1h，降温至70℃，再将多元醇-羧酸溶液加入滴液漏斗中开始滴加，滴完后在70℃反应2～3h、80℃ 1h，当测得游离—NCO含量＜0.2%时，抽真空脱出有机溶剂，加入亲水溶剂，调节固体含量为50%，降温至50℃，加入50%三乙胺（Triethylamine）水溶液，调pH值8～9，升温到60℃反应至透明，降温到40℃，过滤出料。

3. 结构表征、性能测试

（1）红外光谱表征

将乳液成膜，使用 Nexus 670 傅里叶变换显微红外光谱仪对特征官能团（Characteristic functional group）进行表征。

（2）黏度测定

将乳液配制成同一固体含量，在室温下用 NDJ25S 旋转黏度计测定。

（3）吸水率（Water absorption）的测定

将乳液流延在平置的载玻片上，室温下放置24h后成膜。将制得的涂膜在60℃下干燥24h恒重（Constant weight）后称量，然后在室温下放入蒸馏水中浸泡24h后取出，用滤纸吸干表面水痕后称重，按下式计算涂膜的吸水率：

$$吸水率 = \frac{m - m_1}{m_1 - m_0}$$

式中　m_0——载玻片质量；

　　　m——涂膜24h吸水后的质量；

　　　m_1——涂膜烘干后的载玻片和涂膜总质量。

（4）水接触角的测定

采用 HARKE26PcA 接触角测量仪测试。将去离子水滴于薄膜表面1min后进行读数，每个样品选相互距离5mm的3个点，取平均值。

（5）拉伸性能（Tensile property）

按照 GB/T 528—1998，将涂膜制成标准的哑铃型试样，采用 Instron1122 拉伸断裂强度测试仪测定膜的断裂强度（Breaking strength）和断裂延伸率（Elongation）。

（6）按照 GB/T 6739—2006，采用铅笔硬度计测定漆膜的硬度（Hardness）。

（7）按照 GB/T 1720—1988，采用漆膜附着力试验仪测试漆膜的附着力（Adhesion）。

（8）按照 GB/T 1732—1993，采用漆膜冲击器测试漆膜的耐冲击性（Shock resistance）。

（9）采用 EXSTAR 6000 热失重分析仪测试漆膜的热稳定性。

（10）采用 JSM26360 SEM 型扫描电子显微镜对膜表面的微观形态进行观察。

六、说明及注意事项

注意控制游离—NCO 含量。

七、思考题

1. 水性聚氨酯的制备方法主要有哪些？
2. 为何要尽可能减少游离—NCO 含量？

【实验题目 5】 环氧丙烯酸酯合成及光固化涂料制备

一、实验目的

1. 掌握光固化环氧树脂的设计、合成方法。
2. 掌握脂肪酸改性环氧丙烯酸树脂（Epoxy acrylate）合成方法。
3. 掌握光固化涂料（Photocureable coating）的制备及涂层性能（Coating property）评价。

二、相关知识预习

学习光固化涂料制备的基本知识，对国内外光固化涂料的技术发展现状及市场应用情况作调研。

三、实验原理

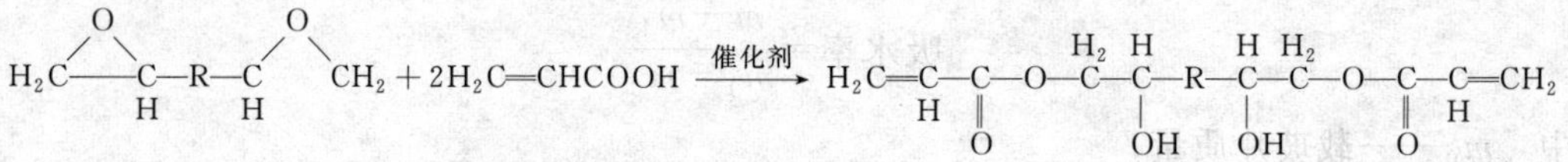

环氧树脂（EP）　　　　丙烯酸（AA）

环氧丙烯酸树脂的合成路线　　　　环氧丙烯酸（EA）

四、实验仪器与药品

1. 仪器：四口烧瓶（250mL），烧杯（100mL、250mL），量筒（50mL、100mL），球形冷凝管（Condenser pipe），滴液漏斗（Dropping funnel）（125mL），温度计（0～150℃），电动搅拌器，分析天平，电热干燥箱，紫外光固化机（UV curing machine），高速分散仪（High speed dispersion instrument），线棒涂布器（Wire rod coating machine），漆膜划格器（Paint film scriber），漆膜冲击器（Paint film impact tester），铅笔硬度计（Pencil hardness tester），光泽仪（Gloss Meter）。

2. 试剂：环氧树脂 E-51（Epoxy resin E-51），丙烯酸（Acrylic acid）（AA），阻聚剂（Polymerization inhibitor）对羟基苯甲醚（Methoxyphenol）、对苯二酚（Hydroquinone），催化剂（Catalyzer）三苯基膦（Triphenylphosphine）、三乙胺（Triethylamine）、四甲基溴化铵（Tetramethyl ammonium bromide），二缩三丙二醇二丙烯酸酯（TPGDA），1,6-己二

醇二丙烯酸酯（HDDA），丙烯酸异冰片酯（IBOA），乙氧基化三羟基甲基丙烷三丙烯酸酯（EO-TMPTA），乙氧基新戊二醇二丙烯酸酯（EO-NPGDA），2-羟基-2-甲基-1-苯基-1-丙酮（1173），二苯甲酮（BP），光敏增感剂（Reactive amine synergists）叔胺，流平剂（Flatting agent），消泡剂（Antifoaming agents）。

五、操作步骤

1. 环氧丙烯酸酯预聚物的合成

在装有冷凝管、滴液漏斗、温度计的四口烧瓶中加入 0.1mol 的环氧树脂和一定量的阻聚剂、催化剂，将温度升至 60℃，开动搅拌使混合均匀，滴加 0.2mol 的丙烯酸，并将温度升至 100℃，1.5h 内滴加完毕；升温至 110℃，反应 2h；再控制升温至 115℃下反应 1h，检测反应液酸值达 1mg KOH/g 以下时，降温，出料，得到产物。

2. 光固化清漆（UV-curable varnish）的制备

涂料基本配方

组分	低聚物	活性稀释剂（Reactive diluent）				光引发剂（Photoinitiator）			助剂
		IBOA	TPGDA	HDDA	EO-TMPTA	1173	BP	光敏增感剂	流平剂、消泡剂
质量份	38～45	10～15	10～15	10～15	15～20	3～5	1	1	适量

实验操作如下。

（1）将合成的环氧丙烯酸酯按上述配方（或自拟配方）制成涂料，避光搅拌均匀。

（2）用砂纸打磨好马口铁片并用乙醇清洁干净（打磨处理马口铁片）。

（3）使用涂膜器将配制好的光固化涂料涂于马口铁上（所制涂膜的厚度为 15μm）。

（4）将涂好薄膜的铁片置于紫外灯下固化至完全。

3. 表征、性能测试

（1）红外光谱表征

使用 Nexus 670 傅里叶变换显微红外光谱仪对所制备聚合物进行结构表征。

（2）黏度测定

将环氧丙烯酸酯预聚物配制成 50% 溶液（用 TPGDA 稀释），在室温下用 NDJ25S 旋转黏度计测定。

（3）按照 GB/T 6739—2006，采用铅笔硬度计测定漆膜的硬度。

（4）按照 GB/T 1720—1988，采用漆膜附着力试验仪测试漆膜的附着力。

（5）按照 GB/T 1732—1993，采用漆膜冲击器测试漆膜的耐冲击性。

六、说明及注意事项

1. 本实验必须严格注意控制反应温度，防止爆聚（Implosion）。

2. 测定酸值时要求快速、准确。

3. 使用紫外光固化机（UV curing machine）时要佩戴防护眼镜（Protective glasses）。

七、思考题

1. 提高光固化涂料附着力可以采取哪些措施？

2. 请设计、合成脂肪酸改性环氧丙烯酸预聚物；若采用一次性加入法和滴加法，对树脂最终性能有何影响？将其制成光固化涂料（Photocureable coating），与光固化环氧丙烯酸酯涂料性能作比较。

3. 光引发剂 1173、BP、叔胺混合使用或单独使用对树脂最终性能有何影响？

【实验题目6】 光固化水性聚氨酯涂料制备

一、实验目的

1. 了解水性光固化涂料（Water-based UV-curable coatings）制备的技术及市场背景。
2. 掌握聚氨酯的合成原理与合成工艺。
3. 了解光固化水性聚氨酯的应用。

二、相关知识预习

紫外光固化技术是一种高效、节能与环保（High efficiency；Energy saving and environmental protection）的新技术，目前已广泛应用于涂料、油墨、胶黏剂、印刷线路板、信息技术和生物医学领域。紫外光固化速度快，普通涂层仅需要几秒钟的时间即可固化，生产效率高，可以用于流水线生产、低温固化、节省能源，能耗仅为热固化的 1/10～1/5，由于基材无需加热，紫外光固化尤其适用于热敏感性（Heat sensitivity）的基材。紫外光固化树脂材料不含或只含少量有机溶剂，对环境污染小，是一种绿色环保型材料。但传统光固化涂料配方采用活性稀释剂（Reactive diluent）调节黏度，造成涂料具有一定的气味和刺激性（Thrill），并对涂膜的物理性能产生不良影响；水性光固化涂料可以基本消除活性稀释剂的使用，避免了由之引起的固化收缩，成为 UV 固化涂料（UV-curable coatings）发展的新方向。

三、实验原理

本实验采用丙酮法合成紫外光固化聚氨酯丙烯酸酯预聚物，整个反应在干燥的环境中进行。液体单体按照合成路线的要求顺序慢慢滴加，中间加二羟甲基丙酸（DMPA）的反应分三段加料，使 DMPA 尽可能地与剩余—NCO 接触反应，反应中间观察体系黏度，若黏度过大，则滴加丙酮，但最终丙酮含量应控制在 30％以内。

第一步：聚乙二醇（PEG）先与异佛尔酮二异氰酸酯（IPDI）上活泼性较大的—NCO反应，得到半封闭 IPDI。

第二步：用 DMPA 与上述得到的半封闭 IPDI 进行反应，从而引入—COOH 基团，使得预聚体可与三乙胺中和反应生成高聚物。

第三步：本实验采用 HEMA 封端，并且引入双键，使得最后产物紫外光固化时能达到交联的目的。

四、仪器药品

1. 仪器：电热套，搅拌器，三颈烧瓶，滴液漏斗，温度计，空心塞，锥形瓶，酸式滴定管，碱式滴定管，烧杯，广口瓶，烧杯，马口铁板。

2. 原料：聚乙二醇（400），丙烯酸羟乙酯（HEA），异佛尔酮二异氰酸酯（IPDI），二羟甲基丙酸（DMPA），二月桂酸二丁基锡（DBTDL），三乙胺（TEA），氢氧化钠，浓盐酸，对苯二酚，无水碳酸钠，丙酮，异丙醇，二正丁胺，无水乙醇，分子筛（Molecular sieve）（3A）。

五、实验步骤

1. 自行设计预聚物合成各组分质量配比。

2. 光固化水性聚氨酯丙烯酸酯预聚物的合成：按设计配比在装有搅拌器、温度计的干燥三口烧瓶中加入一定量的异佛尔酮二异氰酸酯（IPDI），在滴液漏斗中加入一定量的聚乙二醇（Polyethylene glycol）（400）和催化剂二月桂酸二正丁锡（Dibutyltin dilaurate）（DBTL）摇匀，滴加，升温至 50℃，反应 2h，再加入一定量的二羟甲基丙酸（Dimethylol-propionic acid）（DMPA），升温至 70℃，反应 2h；最后加入一定量的丙烯酸羟乙酯（Hydroxyethyl acrylate）（HEA），继续反应 4h；其中每一步反应都以二正丁胺（Di-n-butylamine）法监测体系中 NCO 值的变化，当达到理论值时，加入下一种原料继续反应，所得产物记为 A。

3. 光固化水性聚氨酯丙烯酸酯乳液的制备

在装有搅拌器的干燥三口烧瓶中加入一定量预聚物 A，计算预聚物中羧基含量，以 1:1 摩尔比计算三乙胺含量，将三乙胺加入滴液漏斗中，以 2～3s/滴的速度滴加，在 40℃下快速搅拌反应，滴加完毕，继续反应 0.5h，使三乙胺与预聚物充分反应；反应结束后，将一定量的去离子水加入滴液漏斗中，以 2～3s/滴的速度滴加，快速搅拌反应 3h；反应结束后，将装置从油浴锅中取出，自然冷却至室温，所得产物记为 B。

4. 光固化水性紫外光固化涂料制备

在所得光固化水性聚氨酯丙烯酸酯乳液中加入适量光引发（Photoinitiator）、活性稀释剂（Reactive diluent）、助剂（Promoter）等，经紫外光固化即可制得光固化聚氨酯涂膜。

5. 表征、测试

（1）红外光谱表征

使用 Nexus 670 傅里叶变换显微红外光谱仪对所制备聚合物进行结构表征。

（2）黏度测定

将乳液配制成同一固含量，在室温下 NDJ25S 旋转黏度计测定。

（3）吸水率的测定

将制得的光固化聚氨酯涂膜在 60℃下干燥 2h 恒重后称量，然后在室温下放入蒸馏水中浸泡 24h 后取出，用滤纸吸干表面水痕后称重，按下式计算涂膜的吸水率：

$$吸水率 = \frac{m - m_1}{m_1 - m_0}$$

式中　m_0——载玻片质量；

　　　m——涂膜 24h 吸水后的质量；

　　　m_1——涂膜烘干后的载玻片和涂膜总质量。

（4）水接触角（Water contact angle）的测定

采用 HARKE26PcA 接触角测量仪测试。将去离子水滴于薄膜表面 1min 后进行读数，每个样品选相互距离 5mm 的 3 个点，取平均值。

（5）拉伸性能

按照 GB/T 528—1998，将涂膜制成标准的哑铃型试样，采用 Instron1122 拉伸断裂强度测试仪测定膜的断裂强度和断裂延伸率。

（6）参照 GB/T 6739—2006，采用铅笔硬度计测定漆膜的硬度。

（7）按照 GB/T 1720—1988，采用漆膜附着力试验仪测试漆膜的附着力。

（8）按照 GB/T 1732—1993，采用漆膜冲击器测试漆膜的耐冲击性。

（9）采用 EXSTAR 6000 热失重分析仪测试膜的热稳定性。

（10）采用 JSM26360 SEM 型扫描电子显微镜对膜表面的微观形态进行观察。

六、说明及注意事项

注意控制反应温度及反应时间，避免反应出现凝胶现象；注意控制光固化时间，使膜的综合性能达到最佳。

七、思考题

1. 如何才能确保光固化水性聚氨酯丙烯酸酯乳液的稳定？
2. 请分析比较水性光固化涂料与常规光固化涂料的主要性能特点？

【实验题目 7】 有机硅改性环氧树脂及防腐涂料制备

一、实验目的

1. 了解环氧树脂的有机硅改性（Organosilicone modification）思路。
2. 掌握防腐涂料的防腐机理，掌握防腐涂料的制备工艺。

二、相关知识预习

防腐蚀涂料（Anticorrosive coating）在现代工业、交通、能源、海洋工程等领域的应用极为广泛，现代工业的发展、新兴行业的出现和许多现代工程的兴建，对防腐涂料承受环境的能力和使用寿命提出了更高的要求。环氧树脂具有优异的耐化学腐蚀性（Chemical resistance）和优异的附着力，涂膜致密性（Compactness）、刚性（Strong rigidity）、耐热、耐磨性都很好，因此被广泛用作防腐蚀涂料用树脂，是目前世界上用途最为广泛、最为重要的防腐材料之一。每年世界上约有 40%的环氧树脂应用于制造环氧涂料，大部分应用于防腐领域，在材料的防腐蚀保护中起到巨大的作用。有机硅具有热稳定性好、表面能低、低温柔韧性、耐候、憎水、耐氧化性好、介电强度（Dielectric strength）高等优点，用有机硅改性环氧树脂是近年来发展起来的既能降低环氧树脂内应力，又能增加环氧树脂韧性的有效途径。

三、实验原理

以有机烷氧基硅烷为原料制备有机硅低聚物时，包括以下两个反应过程：水解过程，即有机烷氧基硅烷中的 Si—OR 键在水介质中断裂，生成中间产物硅醇；缩合过程，即硅醇键脱水缩聚成聚硅氧烷。

水解反应可用下式表示：

$$CH_3Si(OC_2H_5)_3 + 3H_2O \longrightarrow CH_3Si(OH)_3 + 3C_2H_5OH$$

$$(CH_3)_2Si(OC_2H_5)_2 + 2H_2O \longrightarrow (CH_3)_2Si(OH)_2 + 2C_2H_5OH$$

$$C_6H_5Si(OC_2H_5)_3 + 3H_2O \longrightarrow C_6H_5Si(OH)_3 + 3C_2H_5OH$$

缩合反应可用下式表示：

$$-Si-OH + HO-Si- \longrightarrow -Si-O-Si- + H_2O(缩合)$$

有机硅改性环氧树脂合成机理如下图所示。

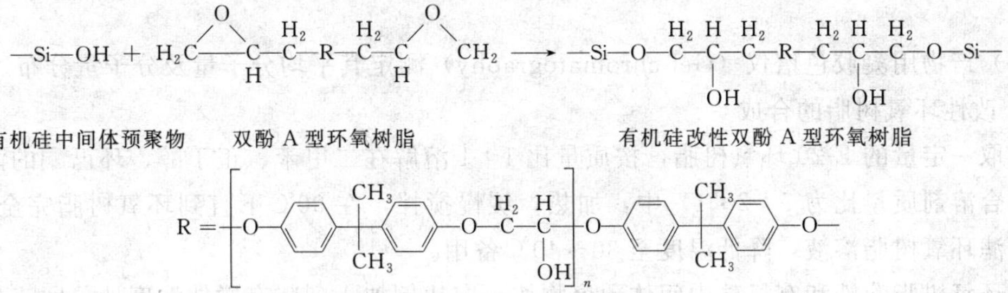

有机硅改性环氧树脂合成机理

环氧涂料中磷酸锌（Zinc phosphate）和三聚磷酸铝（Aluminium triphosphate）复配使用，可达到高性能的防锈效果。磷酸锌的主要成分为 $Zn_3(PO_4)_2 \cdot 2H_2O$ 和 $Zn_3(PO_4)_2 \cdot 4H_2O$。磷酸锌会解离和水解，生成磷酸二代盐离子。磷酸根与腐蚀面上的铁离子反应，生成难溶、紧密 $Zn_2Fe(PO_4)_2 \cdot 4H_2O$ 附着层，引起阳极极化；而锌离子与阴极区的 OH^- 反应，生成难溶物而引起阴极极化。三聚磷酸铝是用磷酸和氧化铝在高温下反应制得，再经锌盐和硅酸盐处理，防锈性好。

$$AlH_2P_3O_{10} \cdot 2H_2O \longrightarrow Al^{3+} + 2H^+ + [P_3O_{10}]^{5-}$$

三聚磷酸根阴离子 $[P_3O_{10}]^{5-}$ 的配合能力强，能与铁离子反应，在钢铁表面生成 $Fe_3(PO_4)_2$ 致密的钝化膜而阻缓腐蚀（Slow corrosion resistance）。

四、仪器与药品

1. 仪器：四口烧瓶（250mL），冷凝管，滴液漏斗，电动搅拌器，真空泵，回流分水器，研磨仪。

2. 药品：一甲基三乙氧基硅烷，二甲基二乙氧基硅烷，一苯基三乙氧基硅烷，二甲苯，盐酸，氢氧化钠，碳酸钠，去离子水，E-20 环氧树脂，E-44 环氧树脂，改性促进剂二月桂酸二丁基锡，钛酸四丁酯，环烷酸锌（锌值 8%～9%），环己酮，正丁醇，二甲苯，乙酸丁酯，环氧固化剂，颜填料，润湿分散剂，流平剂，消泡剂。

五、操作步骤

1. 有机硅中间预聚体的制备

（1）自行设计实验配方。

（2）在四口瓶中加入定量的一甲基三乙氧基硅烷、二甲基二乙氧基硅烷、一苯基三乙氧基硅烷及二甲苯溶剂。

（3）开搅拌，加热升温至反应温度 70℃。

（4）加入一定量水解促进剂（Hydrolysis promoter），开始缓慢滴入一定量去离子水，控制反应温度的稳定。

（5）待去离子水滴加完毕后，继续保持温度 5h 左右，然后加入过量的碳酸钠，搅拌反应以中和反应体系；测定 pH 值大于等于 7 后，过滤反应物，将滤液（Filtrate）倒入四口瓶中，加热中间体滤液；使用常压蒸馏蒸去反应生成的醇使反应进一步向缩合（Condensation）方向进行，在减压抽真空条件下，蒸出反应产物乙醇及部分溶剂二甲苯，然后保温 30～90min；提取少量样品测定胶化时间（Gel time）、黏度和乙氧基含量，待产物符合要求后，在 78℃下继续减压蒸发溶剂至指定的浓度，测定固体含量、黏度。

（6）产物用凝胶色谱仪（Gel chromatography）测定其平均分子量及分子量分布。

2. 改性环氧树脂的合成

称取一定量的 E-20 环氧树脂，按质量比 1∶1 溶解在二甲苯、正丁醇、环己酮的混合溶剂（混合溶剂质量比为 7∶2∶1）中，加热，缓慢搅拌，在 90℃下直到环氧树脂完全溶解，保温过滤环氧树脂溶液，降低温度至 30～40℃备用。

将环氧树脂溶液和有机硅中间体预聚物按一定比例加入到装有搅拌温度计、回流分水器和直流冷凝器的四口瓶中，加入定量改性促进剂，稳定搅拌速度，升温至 150～180℃，反应中生成的乙醇通过直流冷凝管和回流分水器（Return manifold）分出，用拉丝法（Drawing method）判断反应的终点，然后停止加热；降温到 80℃以下，加入二甲苯稀释产物，搅拌均匀。

3. 防腐涂料的制备

环氧防腐涂料参考配方如下。

环氧防腐涂料参考配方

组分	原料名称	质量分数/%
甲组分	改性环氧树脂（Modified epoxide resin）	40～50
	颜填料（Fillers）	35～50
	润湿分散剂（Wetting dispersant）	0.8～1.5
	流平剂（Flatting agent）	0.4～0.8
	消泡剂（Antifoaming agents）	0.3～0.6
	混合溶剂消泡剂（Mixed solvent defoaming agent）	适量
乙组分	环氧固化剂（Epoxy hardener）	10～15

注：原料可选自制改性环氧树脂或 E-44 环氧树脂；颜填料可选用氧化铁红（Iron oxide red）、沉淀硫酸钡（Blanc fixe）、磷酸锌和三聚磷酸铝等；混合溶剂（二甲苯∶乙酸丁酯＝7∶3），配制涂料固体含量为 55%左右。

涂料制备工艺如下。

（1）将改性环氧树脂或 E-44 环氧树脂、颜填料、润湿分散剂、部分消泡剂依次加到调漆器中，搅拌混合均匀。

（2）高速搅拌 10～15min，然后将物料经研磨机研磨至细度小于 40μm 为止。

（3）调节固体含量，加入消泡剂、流平剂，搅拌均匀后，过滤出料。

涂料的涂覆：取甲、乙组分按照两种不同的比例混合并搅拌均匀，涂覆在处理好的钢板上，固化后进行性能测定。

4. 表征、性能测试

固体含量（Solid content）：按 GB/T 1725—2007 测定。

黏度：用旋转黏度计测定。

红外光谱（IR）分析：对合成树脂结构进行表征。

玻璃化转变温度测定：用差热式量热扫描仪测定。

硬度：按照 GB/T 6739—2006 测定。

附着力：按照 GB/T 1720—1988 测定。

柔韧性：按照 GB/T 1731—1993 测定。

耐冲击性：按照 GB/T 1732—1993 测定。

耐盐雾性（Salt fog resistance）：按 GB/T 1771—91 检测，35℃，5％NaCl。

防腐性能：将表面均涂有涂料的钢片：钢试片的 2/3 面积浸入到 20％ 硫酸溶液、10％ NaOH 溶液、5％ NaCl 溶液中，每隔一段时间就检查涂层是否剥落（Peel off）、起泡（Foam）、生锈（Rust）、变色（Discolor）和失光（Chalkiness）等，以涂层不发生变化的最长时间为其性能指标。

六、说明及注意事项

1. 反应时间的长短会影响有机硅低聚物聚合度，进而影响其产物分子量的变化。

2. 水解时温度过高将导致共缩聚体的凝胶化（Gelation）。

3. 水滴加方式采用边搅拌边缓慢滴入。

4. 反应结束后应该进行常减压蒸馏（Reduced pressure distillation），将乙醇、过量的水和单体等除去，并中和反应的催化剂，这样得到的产物贮存稳定性能（Storage stability）更好。

5. 钢试片使用前需进行表面处理（Surface treatment）。

七、思考题

1. 有机硅用量对涂料性能有何影响？

2. 固化剂用量对涂料性能有何影响？

【实验题目 8】 阳离子型水性丙烯酸树脂合成及阴极电泳涂料制备

一、实验目的

1. 掌握阳离子型水性丙烯酸树脂（Cationic waterborne acrylate resin）的设计及合成方法，进一步熟悉溶液聚合（Solution polymerization）的原理。

2. 掌握阴极电泳涂料（Cathode electrodeposition coatings）的种类、制备方法及性能测试方法。

3. 掌握电沉积工艺（Electrodeposition process）对阴极电泳涂料性能的影响。

二、相关知识预习

1. 阴极电泳涂料的特点

电泳涂料是为电泳涂装工艺而开发的一种涂料，源于 20 世纪 30 年代。60 年代初期，阳极电泳涂料投入工业化应用。阴极电泳涂料是 70 年代中期发展起来的并得到工业化应用的一种新型防腐蚀电泳涂料。由于阴极电泳涂料是一种水性涂料（Waterborne coatings），且具有优良的防腐蚀性、高泳透率（Swimming through rate）、涂装自动化程度高、环境污染小等优点，使其在世界范围内特别是在汽车工业发达国家作为底涂层而获得广泛应用。

阴极电泳涂料是一种水性涂料，其主要组成为阳离子型聚合物、颜料、固化剂和去离子水。制备性能良好而稳定的阴极电泳涂料关键是要合成阳离子型水性树脂，树脂需具有较强的亲水性，同时在成膜后又要具有很好的憎水性（Hydrophobic）。但聚合物大都不溶于水，须在大分子上引入—NH_2、—$CONH_2$ 等亲水基团，再经过胺（或氨）中和成盐才可溶于水，从而使得在电场作用下能发生电泳，完成涂装过程。

电泳涂料主要具有以下特点。

（1）由于电泳涂料以水为溶剂，几乎没有发生火灾的危险。应用时减少了对操作人员的毒害及对环境的污染。

（2）电泳涂料适宜于大规模生产的工业涂装线（Coating line），可以实现涂装线的机械化、自动化，经济效益高。

（3）涂层厚度均匀可控。湿膜含水率低，可显著缩短烘干前使水分蒸发的预干时间，缩短周期，提高工效。

（4）能均匀涂覆在零件的各表面上，对边、角、内腔（Cavity）、缝隙（Crevice）等同样能获得良好的保护涂层。所以适用于造型及结构复杂的金属零件的涂装。

（5）电泳涂料工作液的固体含量低（10%～20%），带出损失小，涂料利用率（Coating utilization）可达 98% 以上。电泳涂装工艺（Coating process）参数易于调整，涂装质量稳定。

2. 自我学习及调研

了解阴极电泳涂装的工作原理，对国内外阴极电泳涂料现有产品、研究开发动态作调研，写出相关报告。

三、实验原理

涂料用丙烯酸树脂主要是以丙烯酸、甲基丙烯酸及其酯类与苯乙烯等经共聚而得到的一大类热塑性或热固性丙烯酸系树脂，具有优异的耐光、耐候性和耐热性能，并且具有良好的耐腐蚀性。因此丙烯酸型阴极电泳涂料是阴极电泳涂料的主要类别之一。

本实验以亲水性单体甲基丙烯酸二甲胺乙酯、甲基丙烯酸羟丙酯、疏水性单体丙烯酸异辛酯、苯乙烯为共聚单体，通过自由基溶液共聚，合成含叔胺基团的丙烯酸树脂，简称 PD-HES，进一步将叔胺基团进行季铵盐（Quaternary ammonium salt）化后即得到阳离子型水性丙烯酸树脂，简称 PIDHES。

阳离子型水性丙烯酸树脂与其他涂料组分混合后在水中形成稳定、荷正电的胶体颗粒（Colloidal particles），制得阴极电泳涂料。胶体粒子在水溶液中可电沉积成膜。在电沉积过程中，阴极周围荷正电的胶体颗粒与 OH^- 相互作用，在阴极上沉积形成一层致密的电沉积膜。这种电沉积膜其实是一种致密的胶体结构。电沉积过程如下。

阴极电沉积的过程

四、仪器药品

1. 仪器：四口烧瓶（250mL），球形冷凝管，滴液漏斗，水浴锅，电动搅拌器，高速搅拌机，电子天平，傅立叶红外光谱仪（FTIR spectrometer），凝胶色谱仪（GPC），差示扫描量热仪（DSC），Zeta电位（Zeta potential）及纳米粒度仪（Nanoparticle sizer），pH计，电导率仪。

2. 试剂：甲基丙烯酸二甲胺乙酯（DMAM），甲基丙烯酸羟丙酯（HPMA），丙烯酸异辛酯（EHA），苯乙烯（St），偶氮二异丁腈（AIBN），封闭型异氰酸酯固化剂、异丙醇，正丁醇，乳酸，去离子水。

五、操作步骤

1. 阳离子型水性丙烯酸树脂的合成

（1）将24g正丁醇，10g异丙醇，16g甲基丙烯酸二甲胺乙酯（DMAM），24g甲基丙烯酸羟丙酯（HPMA），40g丙烯酸异辛酯（EHA），32g苯乙烯（St），1.6g偶氮二异丁腈（AIBN）0.8混合均匀，备用。

（2）将24g正丁醇，10g异丙醇，加入到装有搅拌器、温度计、回流冷凝器的四口烧瓶中，开动搅拌加热至回流，滴加上述混合物，控制滴速，在2～3h内滴完，控制反应温度84～86℃。

（3）滴毕反应2h后添加0.1g偶氮二异丁腈（AIBN）和4g异丙醇的混合物，滴加时间10min，反应2h后降温至60℃。

（4）向四口烧瓶中加入8.24g乳酸，混合均匀得到中和度为90％的阳离子型水性丙烯酸树脂。

（5）采用同样条件制备中和度（Neutralization）分别为50％和70％的阳离子型水性丙烯酸树脂。

2. 阴极电泳涂料的制备

称取50g阳离子型水性丙烯酸树脂，添加25g封闭型异氰酸酯（Isocyanates）固化剂常温下混合均匀，在高速搅拌条件下匀速滴加425g去离子水，滴加完毕后在80～100r/min条件下保持搅拌24h得到阴极电泳涂料。

3. 电泳涂装及热固化

将电泳涂料添加到电泳槽（electrophoresis tank）中，以被涂金属物件为阴极，设定电泳条件进行电泳涂装，被涂物件用去离子水冲洗后在160℃烘箱中固化30～60min。学生可在提供的电泳条件范围内自行设计电泳条件，并总结电泳条件对阴极电泳涂料厚度和沉积膜（Deposition film）表观的影响。电泳条件范围如下。

电压：20～80V；　　　时间：30～120s；

极间距：10～30cm；　　涂料温度：20～30℃

4. 测试、表征

（1）固体质量分数：按 GB/T 1725—2007 测定。

（2）贮存稳定性：将一定量的乳液置于阴凉处密封，室温保存，定期观察乳液有无分层或沉淀现象，如无分层或沉淀，表明乳液具有贮存稳定性。

（3）红外光谱（IR）分析：取适量烘干后的树脂样品用丙酮溶解，涂布于盐片上采用红外光谱仪对树脂结构进行分析测定。

（4）凝胶渗透色谱（GPC）测定：取适量烘干后的树脂样品，用 N,N-二甲基丙烯酰胺（DMF）配置成溶液，用凝胶渗透色谱（GPC）测定其分子量及其分布，标样为聚苯乙烯。

（5）玻璃化转变温度测定：用差示扫描量热仪（DSC）测定树脂的玻璃化转变温度。

（6）电泳涂料粒径测定：用粒径测定仪（Particle size analyser）测定。

（7）硬度：按 GB/T 6739—2006 测定。

（8）厚度：按 GB 1764—1979 测定。

（9）柔韧性：按 GB/T 1731—1993 测定。

（10）耐冲击性：按 GB/T 1732—1993 测定。

（11）附着力：按 GB 1720—1979（1989）测定。

六、说明及注意事项

1. 进行溶液聚合时要较好的控制反应温度和单体滴加时间。

2. 电沉积（Electrodeposition）过程中人体要避免接触通电部件和被涂物件。

七、思考题

1. 如何通过调整丙烯酸单体种类和用量调控树脂的玻璃化转变温度？

2. 中和度的不同对电泳涂料稳定性和涂装效果有什么影响？

【实验题目9】 热固化环氧树脂/蒙脱土复合阻燃涂料的制备与表征

一、实验目的

1. 掌握原位聚合（Situ polymerization）有机/无机复合材料（Organic/inorganic compoiste）的设计及合成方法。

2. 掌握热固型环氧树脂（Thermal-curable epoxy resin）热交联的合成条件与方法。

3. 掌握阻燃涂料（Flame-retardant coating）的制备及阻燃性能评价。

二、相关知识预习

热固型环氧树脂涂料以其优异的物理化学性能在电力、交通、建筑、军工等众多领域得到广泛应用，但其是易燃品，在燃烧过程中产生的热量大、温度高，易生成燃烧不完全的黑烟，并释放出有毒的腐蚀性气体，给人们带来了潜在的火灾安全问题。因此提高环氧树脂阻燃性能是目前环氧涂料发展的必然趋势。随着科学技术的进步和发展，人们对涂料的阻燃性能提出了越来越高的要求，不但要求阻燃效率高，低毒（Low toxicity）或者无毒、抑烟（Smoke suppression），而且要求环境友好、循环使用性能较好，传统的卤系阻燃添加剂（Flame retardant）已经无法满足如今的要求。而蒙脱土（MMT）属于黏土，是由两层Si-O四面体和一层Al-O八面体组成的含水的层状硅酸盐晶体。其中的结合水和结晶水在加热时挥发，可以带走部分热量，并且还是一种很优异的成炭剂，加入聚合物中，能够有效提高聚合物的阻燃性能和力学性能。

将环氧树脂与蒙脱土进行复合需要两种材料具有良好的相容性。而原位聚合法是指将环氧树脂与蒙脱土在混合相容过程中热交联，可以使两者达到纳米级别（Nanoscale）的混合，显著提高涂层材料的阻燃和机械性能。

三、实验原理

本实验采用原位聚合发制备热固化（Thermal-curable）型环氧树脂/MMT复合阻燃涂料，整个反应在干燥环境下进行。首先将环氧树脂与MMT在丙酮溶液中剧烈搅拌混合，随后加入固化剂继续剧烈搅拌，混合均匀后真空抽取溶剂，在基材表面涂膜后加热进行固化。

具体的合成路线如下。

环氧树脂/MMT复合阻燃涂料的合成路线

四、实验仪器与药品

1. 仪器：四口烧瓶（100mL，4个）、烧杯（50mL）、量筒（20mL）、球形冷凝管、电动搅拌器、分析天平、电热干燥箱、线棒涂布器（Wire rod coating machine）、漆膜划格器

（Paint film scriber）、漆膜冲击器（Paint film impact tester）、铅笔硬度计（Pencil hardness tester）。

2. 试剂：环氧树脂 E-51（Epoxy resin E-51）、4,4'-二氨基二苯基甲烷（DDM）、有机蒙脱土（OMMT）、干燥丙酮。

五、操作步骤

1. 环氧树脂/MMT 混合物的合成

在 N_2 条件下，向装有球型冷凝管、电动搅拌器和温度计的四口烧瓶中加入 0.05mol 的环氧树脂、一定量的有机蒙脱土（分别为反应物总质量的 0、1%、3%、5%和 7%）和 20mL 丙酮，将温度升至 45℃开动搅拌，在丙酮回流状态下搅拌 1h，使混合均匀，降至室温。随后将 4.87g DDM 溶解在 5mL 丙酮中加入上述溶液中，室温剧烈搅拌 1h，得到环氧树脂/MMT 混合物。

2. 复合阻燃涂料的制备

（1）将合成的环氧树脂/MMT 混合物在旋转蒸发仪上抽去大部分溶剂，搅拌均匀。

（2）用粗细砂纸打磨好马口铁片（Tinplate）并用乙醇清洁干净（打磨处理马口铁片）。

（3）使用涂膜器（Applicator）将配制好的环氧树脂/MMT 混合物涂于马口铁上（所制涂膜的厚度为 $15\mu m$）。

（4）将涂好薄膜的铁片置于电热干燥箱中，在 30℃下放置 0.5h 除去剩余溶剂，随后升温至 120℃放置 2.5h 进行热固化，得到复合阻燃涂料。

3. 阻燃氧指数（Oxygen index of flame retardant）测试样条的制备

将抽去溶剂的环氧树脂/MMT 混合物放入 80mm×65mm×4mm 的样条模具中，置于电热干燥箱中。在 30℃下放置 0.5h 除去剩余溶剂，随后升温至 120℃放置 2.5h，得到复合阻燃测试样条。

4. 表征、性能测试

（1）红外光谱表征：使用 Nexus 670 傅里叶变换显微红外光谱仪对所制备复合物涂层进行结构表征。

（2）X 射线衍射表征：使用布鲁克 AXS D8 系列 X 射线衍射仪对所制备复合物涂层进行结构表征。

（3）铅笔硬度（Pencil hardness）测试：用铅笔硬度计测定膜的硬度（Hardness），比较四组样品找出规律。

（4）附着力（Adhesion）测试：按照 GBPT 1720—1979（1989），采用 QFD 电动漆膜附着力测试仪测试膜的附着力，比较四组样品找出规律。

（5）耐冲击性（Impact resistance）测试：按照 GBPT 1732—1993，采用 QCJ 型漆膜冲击器测试膜的耐冲击性，比较 4 组样品找出规律。

（6）氧指数（LOI）测试：按照国标 GB/T 2406—1993，采用 JF-3 型氧指数测定仪测试复合物样条，比较 4 组样品找出规律。

六、说明及注意事项

1. 本实验必须严格注意控制旋转蒸发温度，防止混合物提前固化。

2. 在 30℃下放置 0.5h 烘干溶剂时保证涂层流平，避免后期出现涂层缺陷（Coating de-

fect)（气泡或裂纹）。

3. 使用氧指数测定仪时戴好隔热手套，注意防火安全。

七、思考题

1. 为何采取原位聚合法制备热固化的环氧树脂/MMT 阻燃涂层，而不采用共混的方法？

2. 在涂层流平出现问题或者出现气泡时，可采用何种方法进行解决？

3. 测出四组样品的硬度、抗冲击、附着力及氧指数各有什么变化规律，试分析。

【实验题目 10】 混杂光固化 3D 打印材料及其应用演示

一、实验目的

1. 掌握自由基光固化体系（Radical UV-curing system）、阳离子光固化体系（Cation UV-curing system）和混杂光固化体系（Hybrid UV-curing system）的特点。

2. 了解 3D（Three-dimensional）打印技术的发展史。

3. 掌握光固化 3D 打印技术的工作原理及所用光固化材料的特点。

二、相关知识预习

光固化是指以光作为能量来源，其体系中的光引发剂通过光化学反应产生活性中心，从而引发体系中的树脂单体进行交联聚合而使树脂由液态变为固态的过程。光固化体系主要由光引发剂、活性稀释剂（Reactive diluents）、低聚物和各种添加剂组成。根据引发机理的不同可将光固化体系分为 3 大类：自由基体系、阳离子体系和自由基-阳离子混杂体系。

自由基光固化是目前应用最广泛的光固化类型，具有固化速度快、性能易调节、引发剂种类多等优点，但存在聚合体积收缩大、精度低、氧阻聚（Oxygen inhibition）严重、附着力（Adhesion）差等问题。阳离子光固化体系发展较晚，它具有氧阻聚小、厚膜固化好、固化膜体积收缩小、附着力强、耐磨、硬度高等优点，但固化速度慢、预聚物和活性稀释剂种类少、价格高、固化产物性能不易调节。

自由基-阳离子混杂光固化体系是指在同一体系内同时产生自由基和阳离子两种活性物种，从而同时发生自由基光固化反应和阳离子光固化反应的体系。混杂光固化体系兼顾了两种引发体系的优点，拓宽了光固化体系的应用范围。此外，在混杂光固化体系中，由于同时进行两种不同的聚合反应，有可能得到具有互穿网络结构（IPN）的产物，从而使固化膜具备较好的综合性能。

三、实验原理

1. 光固化树脂体系

自由基光固化树脂通过光引发自由基聚合反应进行固化。自由基聚合反应通常包括链引发、链增长、链转移和链终止过程。具体光引发过程如下所示：

$$PI \xrightarrow{h\nu} PI^*$$

$$PI^* \xrightarrow{k_d} R_1^{\cdot} + R_2^{\cdot}$$

$$R_1^{\cdot} + M \xrightarrow{k_i} R_1 - M^{\cdot}$$

光引发剂（PI）吸收光能从基态跃迁到激发态（PI^*），通过均裂产生活性自由基。自由基与单体（M）的 C=C 双键结合，实现链式增长。除了引发阶段需要光能外，随后进行的链增长、链转移以及链终止过程与热引发自由基聚合相同。

阳离子光固化是利用阳离子光引发剂在光照下产生质子酸或路易斯酸，催化环氧基的开环聚合或富电子 C=C 双键（如乙烯基醚）的阳离子聚合。具体光引发过程如下所示：

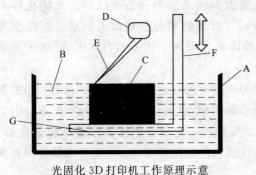

2. 光固化 3D 打印

光固化 3D 打印技术具有成型速度快、精度高、材料利用率高等特点，目前已在航空航天、工业设计、生物医疗、汽车、食品、建筑等领域得到广泛应用。该技术的原理如下所示。

树脂槽中盛满液态光敏树脂（Photosensitive resin），焦点按计算机的指令在液态树脂表面进行选择性的逐点扫描，曝光（Exposure）处树脂由液态变为固态，当完成一层扫描后，升降台带动平台下降一层高度，已成型的层面上又布满一层树脂，刮平器（Flat scraper）将黏度较大的树脂液面刮平，再进行下一层的扫描，新固化的一层牢固地粘在前一层上，如此重复直到整个零件制造完毕，得到一个三维实体模型。

光固化 3D 打印机工作原理示意

A—树脂槽；B—光敏树脂；C—成型制件；D—扫描振镜；E—激光束；F—z 轴升降台；G—托板

四、仪器药品

1. 仪器：旋转黏度计（Rotational viscometer），傅里叶实时红外光谱仪（Real Time FTIR spectrometer），光固化型 3D 打印机。

2. 试剂：双酚 A 环氧丙烯酸酯（621A-80），双酚 A 型环氧树脂（E-44），二缩三乙二醇二丙烯酸酯（EM223），正丁基缩水甘油醚（501A-1），4,4′-二异丁基二苯基六氟磷酸碘鎓盐（PI-250），2,4,6-三甲基苯甲酰基-二苯基氧化磷（PI-TPO）。

五、操作步骤

1. 光固化配方的制备

3D 打印光固化树脂参考配方（质量份）

药品名称	实验 1 号	实验 2 号	实验 3 号
双酚 A 环氧丙烯酸酯(621A-80)	75		50
双酚 A 型环氧树脂(E-44)		80	27
二缩三乙二醇二丙烯酸酯(EM223)	25		16
正丁基缩水甘油醚(501A-1)		20	6
4,4′-二异丁基二苯基六氟磷酸碘鎓盐(PI-250)		2	2
2,4,6-三甲基苯甲酰基-二苯基氧化磷(PI-TPO)	2		2

2. 实验步骤

按上述配方精确称量各组分并混合均匀，待静置消泡后进行黏度测试，然后取样进行实时红外分析，通过配方中双键含量的变化来判定各配方的固化速度。然后将上述样品交给 3D 打印机管理员并自行选定拟打印图形，然后观察光固化材料的 3D 打印过程。

3. 测试、表征

（1）黏度：用旋转黏度计（Rotational viscometer）测定。

（2）实时红外光谱（IR）分析：实时红外分析是研究光固化动力学的重要手段，在紫外光照射的同时，进行红外光谱扫描。由于光聚合过程中，体系双键含量随光照时间的增加而减少，反映在红外谱图上就是 C=C 或者=C—H 吸收峰面积的减小，并且峰面积的减少程度与参与聚合的双键数目呈正比；所以通过计算吸收峰面积（Absorption peak area）的变化就可以求得体系中双键转化率（Double bone conversion）。双键转化率可由以下公式计算：

$$DC(\%) = 100 \times (A_0 - A_t)/A_0$$

式中，DC 代表光照时间为 t 时的光敏共聚物所含双键的转化率；A_0 代表光照前吸收峰的初始面积；A_t 代表光照时间为 t 时的双键吸收峰面积。

六、说明及注意事项

在光固化配方制备过程中要避免光线直射。

七、思考题

1. 为什么自由基固化膜收缩率大而阳离子固化膜收缩率较小？
2. 适用于 3D 打印的光固化材料具有哪些特点？

高分子综合实验

（Comprehensive Experiments of Polymer）

【实验题目1】 高分子敏感凝胶的制备与表征

一、实验目的

针对制备高分子敏感性（Sensitivity）凝胶的要求，自行选择对环境变化（如 pH、温度等）具有响应性（Response）的单体或对聚合物进行改性，并选择简单可行的聚合反应方法，独立或在参考文献的基础上设计反应配方，进行系列合成。对得到的高分子凝胶进行必要的表征，考察其对环境变化的响应性高低，找出影响响应性的主要因素。通过综合实验的训练，掌握交联反应的方法与原理，能根据实验的要求进行正确的表征，在动手能力和解决问题能力方面有较大的提高，为毕业论文（设计）作好准备。

二、操作要点及相关知识预习

自由基聚合原理。

三、实验原理

高分子凝胶（Polymer gel），即三维高分子（Three-dimensional polymer）网络与溶剂组成的体系。水凝胶（Hydrogel）是一类特殊的亲水性高分子交联网络，它在水中能极好地溶胀而不溶于水。敏感性水凝胶能感知外界环境（External environment）的微小变化如温度、pH 值、离子强度（Ionic strength）、光强度（light intensity）、电场强度（electric field strength）及磁场强度（magnetic field strength），并能产生相应的物理结构及化学性质的变化甚至突变的一类水凝胶，其性质决定于单体、交联剂以及聚合的工艺条件，且与溶胀条件有关。它的突出特点是响应过程中有显著的溶胀度变化。在众多合成凝胶中，聚（N-异丙基丙烯酰胺）（PNIPA）水凝胶是一类典型的温敏性智能物质。1968 年首次报道了 PNIPA 在 32℃左右存在临界相转变（Critical phase transition），这一相转变温度被称为低临界溶解温度（Low Critical Solution Temperature，LCST）。PNIPA 水凝胶结构中同时具有亲水性（Hydrophilic）和疏水性（Hydrophobic）基团，在 32℃左右的温度条件下就可以发生可逆的非连续体积相转变（Volume Phas Transition，VPT）。PNIPA 水凝胶的这种特殊的溶胀性能（Swelling）已被用于药物的控制释放、酶反应控制等领域。

传统方法合成的 PNIPA 水凝胶响应速率较慢，考虑到某些特殊领域的应用，可考虑加入致孔剂，如二氧化硅颗粒、线型聚乙二醇（Polyethylene glycol，PEG）。经自由基聚合制备 PNIPA 凝胶/致孔剂复合体，对所得凝胶基体进行充分处理，使致孔剂完全溶解，该方法简单易操作，无需其他复杂的处理手段即可得到多孔 PNIPA 凝胶。

PNIPA 水凝胶单一的温度响应性可能限制它在生物传感器、微机械等方面的应用。可考虑引入—COOH、—NH$_2$ 等易离子化的基团，使共聚凝胶同时具有温度及 pH 值双重敏感性。同时可考虑加入致孔剂（Pore forming agent），通过自由基聚合制备单体配比不同的一系列 P（NIPA-co-AA）共聚凝胶复合体，并经充分的处理，得到具有多孔结构的共聚凝胶。

四、仪器药品

1. 仪器：台式水浴恒温震荡器；电热鼓风干燥箱；真空干燥箱；磁力搅拌器；冷冻干燥机；数控超声波清洗器；天平等。

2. 试剂：N-异丙基丙烯酰胺（N-isopropyl acrylamide，NIPA）；丙烯酸（Acrylic acid，AA）；偶氮二异丁腈（Azobisisobutyronitrile，AIBN）；N,N'-亚甲基双丙烯酰胺（N,N'-methylene bisacrylamide，BIS-A）；pH 缓冲液：标准 pH 缓冲剂（4、7、9）；二氧化硅颗粒；不同分子量的 PEG；无水乙醇（EtOH）；氯化钠（NaCl）；氢氟酸（HF）；氮气；去离子水等。

五、实验步骤

PNIPA 水凝胶的制备如下所述。

1. 无孔 PNIPA 水凝胶的制备

例：在具塞试管中，将 100mg 单体 N-异丙基丙烯酰胺（NIPA）溶于 0.4mL 无水乙醇中，加入定量的交联剂 BIS-A 及引发剂 AIBN，待固体全部溶解后，通氮气约 3min 将试管中氧气排尽，密封，60℃恒温水浴中反应 24h，得透明凝胶，切成一定尺寸的凝胶圆片，用去离子水浸渍 4d，每 8h 更换去离子水，充分除去未反应的单体及其他杂质，得到无孔凝胶片待用。

2. 多孔 PNIPA 水凝胶的制备

例：参考无孔凝胶的配比，将 NIPA、BIS-A 和 AIBN 加入具塞试管中，待固体全部溶解后，分别加入一定量的二氧化硅颗粒或 PEG，与反应体系混合均匀，通氮气约 3min 后将试管中氧气排尽，密封，60℃恒温水浴中反应 24h，得凝胶复合体，切成一定尺寸的圆片，进行充分后处理，得到的多孔凝胶片，调节致孔剂的用量，可得到大孔凝胶和小孔凝胶待用。将处理好的 PNIPA 凝胶样品冷冻干燥至恒重，取出记录质量备用。

3. P(NIPA-co-AA) 水凝胶的制备

（1）无孔 P(NIPA-co-AA) 水凝胶的制备

例：将 NIPA、AA 按不同摩尔比溶于 1.0mL 无水乙醇中，分别加入不同量的交联剂 BIS-A 和 1.5% 的引发剂 AIBN，固体物全部溶解后，通 N$_2$ 约 3min 后密封，置于 60℃的恒温水浴中反应 24h，得透明凝胶，切成一定尺寸的凝胶圆片，在去离子水中浸渍 4d，充分除去未反应的单体及其他杂质。每 8h 更换去离子水，得到的样品待用。反应如示意图所示。

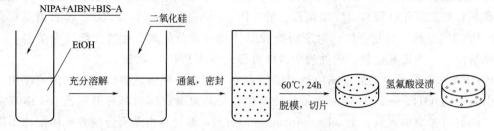

P(NIPA-*co*-AA) 水凝胶的制备示意

（2）多孔 P(NIPA-*co*-AA) 水凝胶的制备方法同多孔 PNIPA 水凝胶的制备。

（3）将处理好的 P(NIPA-*co*-AA) 凝胶样品冷冻干燥至恒重，取出记录质量备用。

4. 温敏性 PNIPA 水凝胶的表征

（1）LCST 的测定

将充分溶胀的水凝胶用锋利的不锈钢刀片切下一小块（约 15mg），置于铝质坩埚中，密封制成 DSC 扫描样品，用 DSC822e 差示扫描量热仪（Differential scanning calorometry）对凝胶样品进行扫描分析，扫描范围：20～60℃，升温速率：2℃/min，干燥氮气氛（流率 200mL/min）。

（2）不同温度下 PNIPA 水凝胶平衡溶胀率的测定

将处理好的水凝胶样品分别在不同温度下（24～45℃）保持 30 min，取出，用滤纸拭干表面的水后称重。水凝胶的平衡溶胀率（Swelling Ratio，SR）由以下公式求得：

$$SR = (m_s - m_d)/m_d \tag{1}$$

式中，m_s 为不同温度下充分溶胀的水凝胶的质量；m_d 为冷冻干燥后干凝胶的质量。

（3）溶胀凝胶的退胀动力学

将在室温下达到溶胀平衡的样品投入温度高于 LCST（48℃）的恒温水中，每隔一定时间称重一次，直至样品质量基本不变为止。水凝胶的保水率（Water Retention，WR）由以下公式求得：

$$WR = (m_t - m_d)/m_\infty \times 100\% \tag{2}$$

式中，m_t 是时间 t 时水凝胶的质量；m_∞ 为室温下达到溶胀平衡的水凝胶的质量；m_d 含义同式（1）。

（4）收缩凝胶的再溶胀动力学

将在 48℃恒温水中充分收缩（24h）的样品投入 24℃的蒸馏水中，每隔一定时间称重一次，直至样品质量基本不变为止。水凝胶的吸水率（Water Uptake，WU）由以下公式求得：

$$WU = (m_t - m_s)/m_\infty \times 100\% \tag{3}$$

m_s 是 48℃恒温水中充分收缩（24h）后凝胶质量，m_∞ 及 m_t 含义同式（2）。

（5）干凝胶的再溶胀动力学

将溶胀率测试完毕的干凝胶投入 24℃ 的蒸馏水中，每隔一定时间称重一次，直至样品质量基本不变为止。水凝胶的吸水率（Water Uptake，WU）由以下公式求得：

$$WU = (m_t - m_d)/m_\infty \times 100\% \tag{4}$$

m_∞ 及 m_t 含义同上，m_d 含义同式（1）。

5. pH 快速响应 P(NIPA-co-AA) 水凝胶的表征

（1）中性溶胀动力学测试

将处理好的凝胶样品分别于不同 pH 值（2、4、7）的酸性缓冲溶液中预溶胀，达平衡态后真空干燥 48h，得干凝胶；再将干凝胶于 pH7 中性缓冲溶液中重新溶胀，在中性条件下进行溶胀动力学测试。不同溶胀历史的样品分别命名为 pH7（2）、pH7（4）、pH7（7）。

将三种干凝胶在 25℃ 下投入 pH7 的缓冲溶液中，每隔一定时间取出样品，用滤纸小心拭去凝胶表面的水并称重，再投入原缓冲溶液中，直至样品质量基本不变为止。时间 t 时，水凝胶的实时溶胀率（R_t）为：

$$R_t = \frac{m_t - m_0}{m_0} = \frac{W_t}{m_0} \tag{5}$$

式中，m_0 为 $t=0$ 时凝胶的质量，即干凝胶的质量；m_t 为时间 t 时凝胶的质量，W_t 即为 t 时凝胶中水的质量。水凝胶的平衡溶胀率（R_∞）为：

$$R_\infty = \frac{m_\infty - m_0}{m_0} = \frac{W_\infty}{m_0} \tag{6}$$

式中，m_∞ 为达溶胀平衡时凝胶的质量；W_∞ 为达溶胀平衡时凝胶中水的质量。

（2）酸性溶胀动力学测试

处理好的凝胶样品先于 pH7 中性缓冲溶液中预溶胀，达平衡态后真空干燥 48h，得干凝胶；再将干凝胶分别于 pH2、pH4、pH7 酸性缓冲溶液中重新溶胀，进行酸性溶胀动力学测试。将干凝胶在 25℃ 下分别投入 pH2、pH4、pH7 酸性缓冲溶液中，每隔一定时间取出样品，用滤纸小心拭去凝胶表面的水并称重，再投入原缓冲溶液中，直至样品质量基本不变为止。水凝胶的实时溶胀率（R_t）和平衡溶胀率（R_∞）分别按式(5)、式(6)计算。

六、说明及注意事项

反应温度和投料配比需严格控制。

七、思考题

影响凝胶溶胀的影响因素有哪些？

【实验题目 2】 海藻酸钠接枝共聚制备高吸水性树脂

一、实验目的

1. 掌握高吸水性树脂的合成方法。

2. 了解海藻酸钠接枝共聚原理。

3. 掌握对高吸水性树脂的表征方法和测试手段。

4. 了解反应条件对吸水树脂吸水率的影响。

二、操作要点及相关知识预习

1. 自由基聚合原理。

2. 高吸水性树脂吸水的基本原理。

三、实验原理

高吸水性树脂（Super Absorbent Resin，SAR）在短时间内可达到自身重量的几百倍乃至上千倍，保水性强，即使加压也不易失水，被广泛应用于农林业、工业、建筑、医药卫生及日常生活等方面。而吸水树脂弃用后若长期不能降解势必造成环境污染。因此，开发可生物降解吸水剂，实现合成高分子与生态的相互和谐，是高分子科学发展中面临的社会问题。同时为进一步降低高吸水保水材料的生产成本，改善其工艺性能和应用性能，人们将高吸水保水材料与其他无机和有机物共聚或共混，制成高吸水保水复合材料。

海藻（Seaweed）作为产量大、价值低、再生能力强的海洋资源，若应用于吸水树脂中，可望为材料领域增加一种新的天然功能性海洋生物可降解物质。国内外已对海藻酸钠（Sodium alginate）凝胶进行研究，主要研究海藻酸钠与某些单体共混或聚合形成复合水凝胶的电刺激响应性能及膜特性。海藻酸钠高吸水树脂的制备和性能研究未见系统报道。鉴于海藻酸钠良好的生物相容性（Biocompatibility）和生物降解性（Biodegradability），选择适当的方法、单体、配比和工艺，可望获得良好的改性吸水材料体系。试验选用廉价易得的海藻酸钠接枝共聚合成高吸水性材料，在此基础上引入丙烯酸（Acrylic acid）和丙烯酰胺（Acrylamide）制备一种新型可生物降解、环保型的复合耐盐性吸水树脂。

海藻酸钠与丙烯酸的混合物在过硫酸钾的引发下，海藻酸钠分子中带羟基的碳原子上的 H 被夺走而产生自由基。再引发丙烯酸钠或丙烯酰胺生成海藻酸钠-丙烯酸钠/丙烯酰胺自由基，从而与丙烯酸钠进行链增长聚合，最后链终止，同时丙烯酸钠也会产生自由基（Free radical），进行丙烯酸钠的均聚反应（Homopoly-merization）。

四、仪器药品

1. 仪器：磁力搅拌器，天平，电热鼓风干燥箱，真空干燥箱，油浴锅，红外光谱仪，扫描电子显微镜等。

2. 试剂：海藻酸钠，丙烯酸，丙烯酰胺，氢氧化钾（Possadium hydrate），过硫酸钾（Possadium peroxydisulfate），N,N-亚甲基双丙烯酰胺。

五、实验步骤

1. 海藻酸接枝共聚丙烯酸高吸水性树脂的制备

在三口烧瓶中依次加入 10mL 丙烯酸，质量分数为 50％的氢氧化钾水溶液及海藻酸钠水溶液（50g/L），在室温下搅拌 20min 得待聚合液，将上述待聚合液转入容器中，于室温下加入交联剂 N,N-亚甲基双丙烯酰胺和引发剂过硫酸钾，搅拌均匀后置于 70℃ 的烘箱中反应 3h，即得干燥的块状产物，经粉碎、过筛，得白色或淡黄色颗粒状样品。

2. 海藻酸接枝共聚丙烯酰胺高吸水性树脂的制备

在三口烧瓶中依次加入 10mL 丙烯酰胺，质量分数为 50％的氢氧化钾水溶液及海藻酸钠水溶液（50g/L）。在室温下搅拌 20 min 得待聚合液，将上述待聚合液转入容器中，于室温下加入交联剂 N,N-亚甲基双丙烯酰胺和引发剂过硫酸钾，搅拌均匀后置于 70℃ 的烘箱中反应 3h，即得干燥的块状产物，经粉碎、过筛，得白色或淡黄色颗粒状样品。

3. 吸水性能测试

吸水性能测试称取已干燥的海藻酸接枝共聚 SAR 样品，置于盛有一定体积的纯水或者浓度为 0.9％的生理盐水的烧杯中，吸饱和后，经 20 目网筛筛去多余的水后称全部凝胶质量，按下式计算吸水倍率或吸盐水倍率。

$$Q = \frac{m_2 - m_1}{m_1}$$

式中，Q 为 SAR 的吸（盐）水倍率，g/g；m_1 为复合型 SAR 干样品的质量，g；m_2 为复合型 SAR 吸（盐）水后凝胶的质量，g。

4. 表征

（1）用红外光谱对所得产物的结构进行表征。

（2）用扫描电镜对所得产物的形态进行表征。

六、说明及注意事项

反应温度和投料配比需严格控制。

七、思考题

绘制海藻酸钠、丙烯酸或丙烯酰胺、引发剂（Initiator）、交联剂（Crosslinker）用量以及反应温度、反应时间对吸水率的影响图并对其作出恰当的解释。

【实验题目3】 聚丙烯熔融接枝共聚物的制备及其应用

一、实验目的

为了帮助学生深入理解聚丙烯（Polypropylene，PP）通过反应挤出（Reactive Extrusion）制备 PP 熔融接枝极性单体共聚物（Melt Grafting Copolymers：of PP with Polar Monomers）的反应机理，并且对 PP 接枝共聚物作为界面改性剂，改善 PP 复合材料（Composites）中的两相相容性的增容机理（Compatibilization Mechanism）有较深刻的认识，设计了这一实验。通过本实验希望可以达到以下目的。

1. 掌握单螺杆挤出机（Single Screw Extruder）的构造和使用方法。

2. 分析、了解 PP 熔融接枝机理。

3. 理解和掌握用化学滴定法测接枝物的接枝率。

4. 掌握熔融指数仪（Melt Flow Index Instrument）的使用方法和原理。

5. 分析和理解 PP-g-MAH 和多单体熔融接枝 PP 共聚物的熔体流动速率不同的原因。

6. 掌握制备 PP 复合材料的方法和工艺。

7. 掌握测试塑料的拉伸性能（Tensile Properties）和冲击性能（Impact Properties）的方法。

二、操作要点及相关知识预习

1. 制备 PP 熔融接枝共聚物时的配方设计和单螺杆反应挤出时的工艺条件的确立。

2. 制备 PP 复合材料时的配方设计、两辊混炼机（Two Roll Mill）的混炼工艺以及模压成型（Moulding）工艺。

3. 返滴定法测接枝率时标准溶液的配制和标定。

4. 表征力学性能时标准样条的制备和测试条件的确定。

三、实验原理

聚丙烯由于是非极性材料，在与无机材料和极性聚合物混合时，因两相的极性相差太大，两相相容性差，使得两相界面清晰，界面层薄弱，应力（Stress）难以通过界面得到有效传递，严重时会产生两相的宏观分离，难以得到应有的改性效果。而聚丙烯通过反应挤出，得到的熔融接枝极性单体共聚物是 PP 复合材料和 PP 合金材料领域经常使用的增容剂或称界面改性剂，可有效改善 PP 复合材料以及 PP 和极性高聚物的两相相容性，提高材料的性能。

反应挤出制备 PP-g-AA 和 PP-g-MAH 是由单螺杆挤出机在非隔氧条件下进行的，反应过程中 PP 降解较严重，PP 大分子降解与接枝反应同步发生，使产物与起始材料相比，具有较窄的分子量分布、熔体流动性大幅度增加，接枝物物理性能下降。而且我们知道反应挤出的 PP-g-MAH 和 PP-g-AA 是不稳定的，在用作界面改性剂时，会继续发生反应。这一方面是我们所需要的，如极性基团（Polar group）的作用；但另一方面，其中会含有均聚物和未反应单体等物质存在，如果这类物质过多，可能在后续反应中发生一些副反应，使材料性能下降。

目前，比较常用的方法是多组分单体熔融接枝。即在反应挤出过程中加入第三单体，如苯乙烯单体（Styrene Monomer），利用其单体活性强，且是带供电基团（Donating group）的烯类单体的特性，可以提高接枝率和抑制降解，同时也可以提高接枝效率，降低最终产物中残留单体量。本实验在反应挤出 PP-g-MAH 时，加入第三单体苯乙烯，制备了 PP-g-MAH 和 PSM 两种接枝物。

在 PP 的熔融接枝过程中，体系中可能发生 PP 的降解和接枝反应，单体的均聚等副反应，此外体系中存在未反应的单体，所以在测接枝率之前必须纯化。纯化后，一般用溶液法和红外光谱等方法来进行表征。还可用表面分析能谱（ESCA），核磁（Nuclear Magnetic Resonance，NMR）判断是不是接枝成功。

本实验采用返滴定法测接枝率，即先加入过量碱液，再用酸液进行滴定（Titration）。由于在接枝过程中加入苯乙烯单体可能产生一定程度的交联副反应（Side Reaction），此接枝体系不适于用溶液法测接枝率，故本实验只测定 PP-g-MAH 的接枝率。

用熔融指数仪测定热塑性塑料（Thermoplastics）熔体流动速率是工业上常用的分析材料流动性能的方法。塑料熔体在测定的温度和负荷作用下，10min 通过标准口模的质量（g）称为该塑料的熔体流动速率（MFR），测得结果表示为 g/10min。该项测试可用以预测材料热加工时流动的难易，充模速度的快慢等，此外 MFR 与相对分子量高低也有密切关系，故 MFR 可作为制品选材或用材时的参考依据。

苯乙烯单体的活性高，可与熔融接枝反应过程中 PP 大分子自由基反应，抑制 PP 的降解，而聚合物是否降解可由分子量反映出来，通过熔体流动速率的测定可以较明显地看出两种接枝物的不同。

PP 接枝物的大分子链上含有极性支链，与无机物滑石粉（Talc）、碳酸钙（Calcium carbonate）等表面的活性点发生作用，而其烯烃链又和 PP 的大分子链产生物理缠绕等作用，故可有效地改善两者的界面，起到增容作用。通过制备 PP 复合材料，并表征其力学性能，可以深入地理解 PP 接枝物的增容机理，并比较两种接枝物对复合体系力学性能的影响。

四、仪器药品

1. 仪器：单螺杆挤出机；高速混合机；干燥箱；熔融指数仪；开放式炼胶（塑）机；万能制样机；平板硫化机（Flat-panel Vulcanizer）；电子万能试验机；冲击试验机；三口瓶；温度计（Thermometer）（0～200℃）；移液管（Suction Pepit）；冷凝管；恒温装置；抽滤装置；酸碱滴定管；锥形瓶和容量瓶等。

2. 试剂：PP，F401；过氧化二异丙苯（Dicumyl Peroxide，DCP），分析纯；顺丁烯二酸酐（Maleic anhydride，MAH），分析纯；苯乙烯，化学纯；丙酮，分析纯；二甲苯（Xylene），分析纯；0.5mol/L 的盐酸标准溶液；0.05mol/L 左右的 KOH 乙醇溶液，自制；0.05mol/L 左右的盐酸异丙醇（Isopropyl Alcohol）溶液，自制；1%百里酚蓝（Thymol blue）的 DMF 溶液指示剂；滑石粉，800 目；抗氧剂 1010 和润滑剂硬脂酸钙（Calcium stearate）等。

五、实验步骤

1. 单螺杆熔融接枝聚丙烯共聚物

（1）将一定配比的 PP、DCP、苯乙烯（使用前需除去阻聚剂）、MAH 与其他助剂在转速为 1100r/min 的高速混合机中混合 5min。

（2）混合好的物料在单螺杆挤出机中进行熔融接枝反应，螺杆转速为 24r/min，反应温度：加料段，80～120℃；压缩段，160～200℃；均化段，180～210℃；口模，140～180℃。

（3）将挤出物过冷水冷却，80℃下干燥 6h。

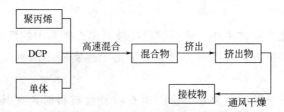

熔融接枝聚丙烯共聚物制备路线

2. PP 接枝物接枝率的测定

（1）纯化处理接枝反应产物：用二甲苯回流溶解，并经丙酮沉淀纯化，沉淀物经丙酮多次洗涤后在 80℃下真空干燥 8h。

（2）KOH 乙醇标准溶液和盐酸乙丙醇标准溶液的配制：称取一定重量的 KOH 或 HCl 放入盛有蒸馏水的烧杯中，搅拌溶解后倒入 500mL 的容量瓶，烧杯、玻璃棒洗涤 3 次，洗涤液倒入容量瓶；用量筒量取一定量的无水乙醇或乙丙醇倒入容量瓶，加蒸馏水到刻度线，充分摇匀。

（3）KOH 乙醇标准溶液和盐酸乙丙醇标准溶液的标定。KOH-乙醇标准溶液的标定：用移液管取 KOH-乙醇溶液 10mL，置于锥形瓶，用已知浓度的标准 HCl 溶液滴定，以酚酞（Phenothalin）为指示剂，溶液由红色变为无色，1min 左右不变色为宜。盐酸乙丙醇标准溶液的标定：用移液管取盐酸乙丙醇溶液 10mL，置于锥形瓶，用已知浓度为 0.045mol/L 的 KOH-乙醇标准溶液滴定，以百里酚蓝为指示剂，溶液由蓝色变为黄色，1min 左右不变色为宜。

（4）准确称量 1g 左右经纯化后的样品，用 100mL 二甲苯加热回流溶解，用 10mL 移液管移入 10mL 0.05mol/L 左右的 KOH 乙醇溶液，加热回流 1h，趁热用 0.05mol/L 左右的盐酸乙丙醇溶液滴定，以 1% 百里酚蓝的 DMF 溶液为指示剂，并按下式计算接枝率。

$$接枝率（MAH\%）＝\frac{(mLKOH\times nKOH－mLHCl\times nHCl)\times 98}{2\times 1000\times 样品重量（g）}\times 100\%$$

3. PP 接枝物熔融指数的测定

按 GB/T 3682—2000 测定。

4. PP 复合材料的制备及力学性能的测定

（1）将一定配比的 PP、滑石粉、PP-g-MAH 或 PSM 等界面改性剂及其他助剂在双辊筒炼塑机上混炼 10min，辊温保持在 165～170℃之间。

（2）混炼物在平板硫化机上压模（模压温度 180℃，压机表压 10MPa），保压 10min，再在冷压机上保压冷却，温度下降到 60℃时脱模，取样。

（3）在万能制样机上按国标制样。

（4）按 GB/T 1040.2—2006 和 GB/T 1043.1—2008 分别测试拉伸强度和简支梁冲击强度（Charpy Impact Strength）。

六、说明及注意事项

在实验时，尤其在两辊混炼机的混炼操作过程中，要严格按照实验操作要求进行。

七、思考题

1. 在聚丙烯熔融接枝极性单体的过程中，还有哪些单体可以作为第三单体，起到抑制反应过程中副反应的作用？

2. 如果是聚乙烯作为接枝主体，进行熔融接枝，那么体系中的反应机理有何不同？

3. 你认为用哪种表征方法可以较方便地表征出上述实验中两种接枝共聚物的接枝率和接枝效率的差异？

4. 为何上述实验中两种接枝物增容 PP/滑石粉复合材料时，在其他条件相同时，增容效果有所区别？

【实验题目4】 可降解光敏性聚合物纳米微球的制备与表征

一、实验目的

1. 选择可降解的光敏性单体（Photosensitive monomer），用简单可行的聚合方法来合成聚合物，并对其进行表征（Characterization）和性能研究。

2. 初步了解纳米微球的制备方法与原理；选择合适的方法来制备纳米微球，对得到的微球进行表征，并考察其对光的响应性。

二、操作要点及相关知识预习

缩聚聚合原理。

三、实验原理

由于石油资源短缺和环境污染问题日趋严重，越来越多的研究者将研究方向转至制备具有可降解性的高分子纳米微球（Nano particle），即"绿色"高分子纳米微球。其中的"绿色"就是指从高分子材料合成的源头——单体着手，选择对环境友好的单体及合成工艺，并考虑合成的高分子材料对环境的相容性（即在较短的时间内自然降解或解聚）。本实验选用从天然植物中提取的原料，如3,4-二羟基肉桂酸（3,4-Dihydroxycinnamic acid，DHCA，俗称咖啡酸）为单体。DHCA有肉桂酸基（Cinnamic acid）的存在，具有光敏性。其可与具有生物相容性的聚乙二醇（PEG）或亲水单体进行反应，制备同时具有可降解性和光敏性的共聚物。根据两单体的结构和存有的功能基（Functional group），可以采用缩聚反应（Condensation polymerization）来制备得到共聚物。

高分子纳米微球由于其特殊的尺寸效应和表面效应而广泛地应用到医学、生物、环境和催化领域。制备纳米微球的方法有很多种，本试验采用自组装法来制备纳米微球。上述实验得到的共聚物具有双亲性（Amphiphilicity），亲水链聚乙二醇（Polyethylene glycol，PEG）和疏水链DHCA。由于溶解性（Solubility）的差异，共聚物可以在适当的溶剂中自组装（Self-assembly）成胶束（Micelle）（纳米微球）。对胶束进行紫外光照，共聚物中的肉桂酸基会发生一定的光反应，使得纳米微球产生相应的化学和物理的变化，即为对光的响应性。

DHCA 和 PEG 的化学反应式

四、仪器药品

1. 仪器：氮气包；电子天平；台式恒温油浴震荡器；缩聚反应装置；真空干燥箱；磁力搅拌器；紫外光照射仪；纳米粒度仪（Nanoparticle size analyzer）；红外光谱仪（Infrared spectroscopy）；紫外光谱仪（Ultraviolet spectroscopy）等。

2. 试剂：3,4-二羟基肉桂酸（DHCA）；一定分子量的聚乙二醇，如 PEG400；乙酸钠（Sodium acetate）；乙酸酐（Acetic anhydride）；无水乙醇，N,N'-二甲基甲酰胺（Dimethylformamide，DMF）；二甲亚砜（Dimethyl sulfoxide，DMSO）；去离子水等。

五、实验步骤

1. 共聚物的制备与表征

称取 DHCA 1.8012g（10mmol），PEG 或亲水性单体 1mmol，乙酸钠 0.0085g（0.1mmol），量取乙酸酐 10mL，加入 100mL 三口烧瓶中，通入氮气；将三口烧瓶置于 140℃ 的恒温油浴中，反应约 1.5h 后升温至 190℃，再恒温反应 6h，整个反应过程在 N_2 保护和避光条件下进行。反应结束后用去离子水洗涤两次，再用无水乙醇洗涤两次，除去未参加反应的单体及催化剂后真空干燥至恒重，取出记录质量计算产率。将得到的共聚物用红外、紫外等进行表征。

2. 纳米微球的制备与表征

5mg 共聚物溶解到 5mL 的 DMF 或 DMSO 中制备共聚物的溶液。在搅拌下，将适量的水加入到一定量的共聚物溶液中，得到白色浑浊的混合液。将其用去离子水透析 2d，每 8h 更换去离子水，充分除去有机溶剂及未成球的聚合物，得到水分散的纳米微球。

用粒度仪表征纳米微球大小；对纳米微球进行紫外光照射，用紫外，粒度仪来考察微球对光的响应性。

六、说明及注意事项

反应过程中保证无水存在，并通氮气保护，反应瓶需用锡箔纸包起来避光反应。

七、思考题

1. 聚合过程中怎么除水，以提高转化率？
2. 光敏性和可降解性的原理是什么？
3. 降解性的表征方法有哪些？

【实验题目 5】 导电高分子——聚苯胺的合成

一、实验目的

1. 了解何谓导电高分子（Conductive polymer）。
2. 熟悉聚苯胺（Polyaniline）的合成。
3. 了解聚苯胺合成过程中反应条件对导电性能的影响。

二、操作要点及相关知识预习

导电高分子的结构特征和导电原理。

三、实验原理

聚苯胺具有导电性（Electrical conductivity）、防腐性（Anticorrosion）、电致变色性（Electrochromic property）和防电磁辐射（Anti electromagnetic radiation）等性能，且具有较好的环境稳定性、制备简单、原料廉价易得等优点，成为人们制备导电膜（conductive film）、二次电池、电磁屏蔽材料（Electromagnetic sheilding materials）和防腐材料的主要材料。

聚苯胺是聚合物，由单体苯胺（Aniline）经聚合而成的高分子。聚苯胺要能导电，电子必须不受原子束缚而能自由移动，要达到此目的的第一个条件就是聚苯胺应该要有交错的单键与双键，亦称为共轭（Conjugated）双键。

聚苯胺分子结构

不过，有共轭双键的长链并不足以造成它的导电，要能导电必须对它掺杂（Doping），要么将部分电子移出（氧化），要么加入一些电子（还原），聚苯胺电导率可由掺杂前的 $10^{-10} \sim 10^{-9}$ S/cm 提高到掺杂后的 0.1～100S/cm，达到导体的电导率，并且带有类似金属的光泽，可制成导电高分子。

聚苯胺性质与合成方法有关，其中化学合成法是先将苯胺单体溶于酸性溶液中，再加入氧化剂进行氧化聚合。影响因素主要有以下几点。

（1）酸。也就是掺杂剂（Dopant）。合成掺杂聚苯胺时所用的酸有多种，如硫酸（Sulphuric acid）、盐酸（Hydrochloric acid）、磺基水杨酸（Sulfosalicyclic acid）和十二烷基苯磺酸（Dodecylbenzenesulfonic acid），十二烷基苯磺酸是最常用的掺杂剂和酸性环境提供者。

（2）氧化剂（Oxidizer）。常用的氧化剂为过硫酸铵（Ammonium peroxydi- sulfate）和过硫酸钾（Potassium peroxydisulfate）。

（3）酸、氧化剂以及苯胺单体之间的摩尔比。还有反应时间、温度、浓度，这些因素都会对制得的导电聚苯胺的电导率产生重大的影响。

本实验采用溶液聚合法合成导电聚苯胺，并采用正交实验的方法优化实验方案，研究聚合条件对产物导电性能的影响，考察了功能掺杂酸、氧化剂、反应时间等聚合条件对聚苯胺导电性能的影响。

四、仪器药品

1. 仪器：电子天平；干燥箱；磁力搅拌器；四探针电导仪；紫外光谱仪；红外光谱仪等。

2. 药品：苯胺、过硫酸铵、十二烷基苯磺酸、乙醇（Ethanol），以上原料均为分析纯，实验用水为蒸馏水。

五、实验步骤

1. 聚苯胺的合成

配制一定浓度的十二烷基苯磺酸 120mL，以一定的摩尔比取苯胺置于烧杯内。将配制好的酸液缓缓倒入烧杯内，放入磁搅拌子，置于电磁搅拌器上，冰浴搅拌至完全溶解（以冰浴法将烧杯中的溶液温度控制在约摄氏零度）。取一定量的氧化剂过硫酸铵置于另一烧杯内，加入一定量的水，使其完全溶解。将过硫酸铵水溶液缓缓滴入苯胺的酸溶液中，持续冰浴搅拌。待完全加入过硫酸铵水溶液后，再持续冰浴搅拌 20～30min，然后常温下搅拌 4～8h。

溶液的颜色会从无色透明变为黄色、棕黄色、褐色到最后的深绿色。与此同时，聚苯胺会从水相中析出，形成深绿色的悬浮液。将滤纸称重后，使用布氏漏斗过滤悬浮聚苯胺颗粒，并以水和乙醇（1∶1）溶液冲洗数次，直到清洗液颜色由暗褐色转为澄清。将沉积在滤纸上的聚苯胺置入烘箱内烘干。称量所合成出聚苯胺重量并计算产率。

确定3个因素，对每个影响因素包括3个变量的水平进行正交试验。其中，A为十二烷基苯磺酸/苯胺摩尔比，B为过硫酸铵/苯胺摩尔比，C为反应时间（h）。

因素与水平

因素	A	B	C
1	0.5∶1	0.5∶1	3
2	1∶1	1∶1	4.5
3	1.5∶1	1.5∶1	6

2. 聚苯胺的导电性测量实验

将制得的聚苯胺粉末，压制成块，测其电阻（Resistance）大小。

将产物放入两平行极板间以恒定压力压实，用四探针电导仪（Four probe conductivity meter）测出两极板间的电阻值，再通过以下公式计算出电阻率（Resistivity）$\sigma = L/RS$。

式中，σ为电导率，S/cm；R为电阻值，Ω；S为极板面积，cm^2；L为极板间距离，cm。

六、说明及注意事项

苯胺聚合过程应保持在冰浴中进行。

七、思考题

1. 过硫酸铵在此实验中的角色为何？
2. 十二烷基苯磺酸在此实验中的主要功能是什么？其种类和加入的多少对聚苯胺有何影响？
3. 苯胺聚合时为什么要在冰浴条件下进行？
4. 聚合反应时，溶液在外观上颜色如何改变？为什么会有这样的颜色变化？

【实验题目6】 环氧阴极电泳涂料的制备及其表征

一、实验目的

1. 掌握水性涂料的乳化（Emulsify）方式及机理。
2. 了解电泳涂装（Electrophoretic coating）的特点及涂装原理。
3. 掌握一些基本的涂料性能测试方法。

二、操作要点及相关知识预习

环氧树脂的结构特征和性能。

三、实验原理

电泳涂料（Electrophoretic coating）是为电泳涂装工艺而开发的一种涂料，源于20世纪 30 年代。阴极电泳涂料是 70 年代中期发展起来的并得到工业化应用的一种新型防腐蚀电泳涂料。阴极电泳涂料是一种水性涂料，具有优良的防腐蚀性、高泳透率（High electrophoretic rate）、涂装自动化程度高、环境污染小等优点。

电泳涂装过程是个复杂的过程，至少包括电解（Electrolysis）、电泳（Electrophoresis）、电沉积（Electrodepositing）和电渗（Electric osmosis）反应同时进行的过程。在电泳槽（Electrophoresis bath）中通入直流电时，两极发生的电化学反应如下。

阴极反应（Cathode reaction）：

1) $$H_2O \Longrightarrow H^+ + OH^- \tag{1}$$

2) $$\sim\!\!\!NH^+ + OH^- \longrightarrow \sim\!\!\!N + H_2O \tag{2}$$

3) $$2H^+ + e \longrightarrow H_2\uparrow \tag{3}$$

阳极反应（Anode reaction）：

1) $$4OH^- - 4e \longrightarrow 2H_2O + O_2\uparrow \tag{4}$$

2) $$RCOO^- + H^+ \longrightarrow RCOOH \tag{5}$$

在电泳涂装过程中，首先发生的电化学反应是水的电解，在阳极的周围，呈现很强的酸性，而阴极的周围呈现碱性，pH 值可达到 12。电泳过程实际上是带电胶体粒子（Colloidal particle）在电场驱动下的运动，而电沉积是发生在聚合物溶液的热动态平衡。电沉积涂膜则是一种致密的胶体结构，并含有少量的有机溶剂。

四、仪器药品

1. 仪器：搅拌机，电热煲，三口瓶等玻璃仪器，划格器（Scribe device），铅笔硬度测定计，烘箱，重锤冲击计，涂膜测厚仪等涂料性能测定仪器，电泳仪。

2. 药品：环氧树脂 E-44、E-51、E-20，单乙醇胺（Monoethanolamine），二乙醇胺（Diethanol amine），异氰酸酯固化剂（Isocyanate curing agent）。

五、实验步骤

1. 在装有搅拌器、滴液漏斗和电热煲的三口瓶中投入一定量的环氧树脂（Epoxy resin）和溶剂，直接加热三口烧瓶到回流温度，用滴液漏斗（Dropping funnel）缓慢加入配方量的仲胺，开始反应。滴加 0.5h，滴加完后 1h 开始测定反应物的环氧值（Epoxy value），环氧值降低到预定值降温至 50℃ 结束反应，反应示意如下：

2. 环氧值测定

实验中，环氧树脂改性时对反应程度的进行控制十分必要，其标准可以根据环氧值的变化来确定。我国沿用的环氧值测定方法以盐酸-丙酮法和盐酸吡啶法为准，其中盐酸-丙酮法适用于相对分子质量在 1500 以下的环氧树脂，而盐酸-吡啶法适用于相对分子质量在 1500 以上的环氧树脂。因此本综合实验采用盐酸-丙酮法。

（1）原理

盐酸可与环氧基定量地发生加成反应，多余的盐酸由 NaOH 滴定。

$$-\overset{\displaystyle}{C}H\!-\!CH_2 + HCl \longrightarrow -\underset{\underset{\displaystyle OH}{|}}{C}H\!-\!\underset{\underset{\displaystyle Cl}{|}}{C}H_2$$

$$HCl + NaOH \longrightarrow NaCl + H_2O$$

（2）测定步骤

① 用移液管（Suction pipette）将 1.19mol/L 的浓盐酸 1.6mL 转入 100mL 的容量瓶（Volumetric flask）中，以丙酮稀释至刻度。

② 称取 1g 左右氢氧化钠放入 250mL 容量瓶中，加入约 250mL 无水乙醇，配成 0.1mol/L 的碱液，并用苯二甲酸氢钠（Sodium biphthalate）标定。

③ 称取 0.5g 左右（精确到 0.001g）树脂，放入具塞锥形瓶中，用移液管加入 15mL 盐酸-丙酮溶液混匀。加塞振荡使树脂完全溶解后，放置 40min，加 1~2 滴指示剂，用浓度约为 0.1mol/L 的 NaOH 标准溶液滴定到变黄色为终点。同样操作，不加树脂，做空白实验。

3. 加入有机酸（Organic acid）中和带有叔胺（Tertiary amine）基的氨基环氧树脂，使之成盐，示意图如下。并加入配方量的封闭型异氰酸酯固化剂。加入配方量的水，制得固含量为 10% 的环氧阴极电泳涂料乳液。

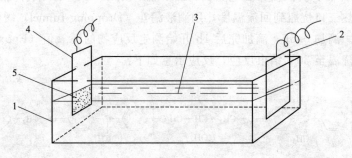

4. 将环氧阴极电泳涂料乳液倒入电泳槽中进行电泳特性的研究。考察电泳电压、电泳时间等对电沉积膜表面形貌（Morphology）及厚度的影响。电泳装置如下所示。

电泳装置

1—电泳槽；2—阳极板；3—电泳液；4—阴极板（被涂工件）；5—漆膜

5. 制得的样板在 150℃ 下固化（Curing）。

封闭型异氰酸酯是指—NCO 基团被一种不能在较低温度下进行脱封反应的封闭剂封闭

的化合物。

$$OCN-R-NCO+2BOH \underset{\text{脱封}}{\overset{\text{封闭}}{\rightleftharpoons}} BOOC-NH-R-NH-COOB$$

这种封闭化合物在不同的烘烤条件下对固化漆膜的机械性质影响甚大，在最佳固化温度和固化时间条件下固化即可保证漆膜的性能，又可兼顾生产效率及能耗的节约。采用溶剂擦拭法（耐丙酮双向擦拭次数）表征在不同固化条件下的漆膜固化程度。用图表形式表达实验结果。

6. 对所得涂膜的各项性能进行测试

附着力（Adhesion）用天津市材料试验机厂 QFZ-Ⅱ型涂膜附着力试验仪按 GB 1720—79（88）方法测定。

硬度（Hardness）用天津市材料试验机厂 QHQ-A 型涂膜铅笔划痕硬度仪按 GB 1739—86 方法测定。

耐冲击性（Impact resistance）用天津市材料试验机厂 QCJ 型漆膜冲击器按 GB 1732—93 方法测定。

柔韧性（Flexibility）用天津伟达试验机厂 QTX 型漆膜弹性试验器按 GB 1731—93 方法测定。

六、说明及注意事项

1. 注意控制环氧值。

2. 阴极板（钢试片）使用前需进行表面处理（Surface treatment）。

七、思考题

电泳时间、电压、对涂膜质量的影响？

【实验题目7】 双亲性聚（丙烯酸-*co*-苯乙烯）的制备及其自组装

一、实验目的

1. 掌握双亲聚合物（Amphiphilic polymer）的结构特点和自组装（Self-assembly）机理。

2. 掌握双亲聚合物的自组装方法和过程。

二、操作要点及相关知识预习

双亲聚合物的定义、结构特征、合成方法和组装原理。

三、实验原理

双亲聚合物（Amphiphilic Copolymer）是指分子链中同时含有亲水链段（Hydrophilic segment）和疏水链段（Hydrophobic segment）的聚合物，这类聚合物对具有不同性质的两相［通常指水相（Water phase）与油相（Oil phase），或具有不同极性的两种油相］都有一定的亲和性，因而表现出丰富的相行为。利用此特性，可在选择性溶剂（Selectice solvent）中诱导双亲聚合物进行自组装，形成结构有序、形态多样的聚合物胶束（Polymer micelle）。

大分子自组装（Macromolecule self-assembly）是指大分子在平衡状态下，通过弱相互作用力［氢键作用（Hydrogen interaction）、静电作用（Electrostatic interaction）、分子间作用力、亲水/疏水作用力等］，自发形成结构明确、稳定、具有某种特定功能或性能的聚集体（Aggregation）的过程，这些聚集体通常被称为聚合物胶束。

自 1995 年 Eisenberg 发表双亲性嵌段共聚物（Block copolymer）在选择性溶剂中自组装得到球状、棒状、囊泡（Capsule）等组装体以来，围绕双亲性嵌段共聚物开展的自组装研究已成为高分子领域的研究热点。近年来，少数研究者在利用无规共聚物进行其他研究时，发现并得到了一些有序聚集形态（Morphology）。聚（苯乙烯-co-丙烯酸）［Poly（stryene-co-acrykic acid）］是一个经典的双亲无规共聚物（Random copolymer），可在水溶液中进行自组装，得到特殊的有序结构——多孔和碗状聚集体。双亲性无规共聚物简单易得、来源丰富，与嵌段共聚物相比，更有潜在的应用价值。

四、仪器药品

1. 仪器：烧瓶、振荡器、天平、磁力搅拌器、烘箱、紫外分光光度计、红外光谱仪、凝胶渗透色谱仪、激光光散射仪、电子显微镜。

2. 药品：丙烯酸（Acrylic acid），苯乙烯（Styrene），二氧六环（Dioxane），偶氮二异丁腈（Azodiisobutyronitrile，AIBN），N,N-二甲基甲酰胺（Dimethyl formamide），

五、实验步骤

1. 聚（苯乙烯-co-甲基丙烯酸）P（AA-co-St）的制备：称取一定量的单体 AA、st 和引发剂 AIBN（占单体总物质的量的 1%）置于 50mL 的反应瓶中，加入 10mL 二氧六环，通氮除氧约 10min，密封；将反应瓶置于恒温振荡器中，振荡频率 150 次/min，60℃下恒温反应 48h。反应结束后，用沉淀剂（体积比为 2∶8 的甲醇与水的混合溶剂）沉淀。反复沉淀、溶解纯化 3 次后，在 30℃恒温烘箱中干燥得到 P(AA-co-St)。

2. 通过核磁共振（Nuclear magnetic resonance）、红外光谱（Infrared spectrum）、凝胶渗透色谱（Gel permeation chromatography）对所得聚合物的结构进行表征。

3. P(AA-co-St) 胶束的制备：将 P(AA-co-St) 配成初始浓度（质量分数）为 1% 的二氧六环溶液，并用直径为 0.45pm 的微孔过滤膜（Microporous membrane）过滤，得到聚合物母液。搅拌下以 1 滴/min 的速率向聚合物母液中滴加超纯水（或不同 pH 的缓冲溶液）至临界聚集水含量（Critical water content），形成蓝乳光溶液，得到 P(AA-co-St) 胶束溶液。继续搅拌 P(AA-co-St) 胶束溶液 3h 后，将 P(AA-co-St) 胶束溶液逐滴滴入大量的超纯水中使 P(AA-co-St) 胶束固定（Quench），然后在去离子水中透析（Dialyze）3 天除去溶剂二氧六环。

4. P(AA-co-St) 胶束的表征：通过动态激光光散射仪（Dynamic laser light scattering instrument）测定胶束的流体动力学半径（Hydrodynamic radius）；通过紫外可见分光光度计（UV-vis spectrophotometer）测临界聚集水含量；用电子显微镜（Electron microscope）对胶束的形态进行表征。

六、说明及注意事项

注意控制水的滴加速度和滴加水的总量。

七、思考题

1. 分光光度法临界水含量的测定原理是什么？
2. 双亲聚合物中 AA 含量、溶液 pH 值会对所得胶束的粒径产生什么样的影响？

附录一　常见聚合物中英文名称一览表

聚合物名称	英文全名	缩写（或代号）	制备实施方法
聚乙二醇	Polyethylene glycol	PEG	逐步聚合
聚乳酸	polylactic acid	PLA	逐步聚合
聚对苯二甲酸乙二醇酯,俗称涤纶聚酯	Polyethylene terephthalate	PET	逐步聚合,熔融缩聚,固相缩聚
聚碳酸酯	Polycarbonate	PC	逐步聚合,熔融缩聚,界面缩聚
聚酰胺	Polyamide	PA	逐步聚合,离子聚合,水解聚合,熔融缩聚
聚酰亚胺	Polyimide	PI	熔融缩聚,逐步聚合
聚氨基甲酸酯,俗称聚氨酯	Polyurethane	PU	逐步聚合
聚脲	polyurea	SPUA	逐步聚合
聚(2,6-二甲基亚苯醚),俗称聚苯醚	Poly(2,6-dimethylphenylene oxide)	PPO	逐步聚合,沉淀聚合,溶液聚合
聚砜	Polysulfone	PSF	逐步聚合
聚苯硫醚	Polyphenylene sulphide	PPS	逐步聚合,溶液聚合
聚硫橡胶	polysulfide rubber	PR	逐步聚合
苯酚-甲醛聚合物,俗称酚醛树脂	Phenol-formaldehyde polymer(resin)	PF	逐步聚合,溶液缩聚,悬浮缩聚,乳液缩聚
脲醛树脂	Urea-formaldehyde polymer(resin)	UF	逐步聚合
三聚氰胺-甲醛树脂	Melamine-formaldehyde polymer(resin)	MF	逐步聚合
聚苯乙烯	Polystyrene	PS	自由基聚合,离子聚合,悬浮液聚合,本体聚合
聚甲基丙烯酸甲酯,俗称有机玻璃	Polymethyl methacrylate	PMMA	自由基聚合,本体聚合,悬浮聚合
聚氯乙烯	Polyvinyl chloride	PVC	自由基聚合,本体聚合,悬浮聚合,乳液聚合
低密度聚乙烯	Low density polyethylene	LDPE	自由基聚合,本体聚合
聚丙烯腈	Polyacrylonitrile	PAN	自由基聚合,溶液聚合
聚醋酸乙烯酯	polyvinyl acetate	PAVc	自由基聚合,溶液聚合
聚乙烯醇	Polyvinyl alcohol	PVA	自由基聚合,悬浮聚合,聚醋酸乙烯酯水解
丁苯橡胶	Styrene-butadiene rubber	SBR	离子聚合,乳液聚合,溶液聚合
（丙烯腈-丁二烯-苯乙烯）共聚物	Acrylonitrile-butadiene-styrene copolymer	ABS	乳液聚合,本体-悬浮聚合
（丙烯腈-甲基丙烯酸甲酯）共聚物	Acrylonitrile-methylmet hacrylate copolymer	A/MMA	自由基聚合
（丙烯腈-苯乙烯）共聚物	Acrylonitrile-styrene copolymer	AS(SAN)	悬浮聚合

聚合物名称	英文全名	缩写(或代号)	制备实施方法
(丙烯腈-苯乙烯-丙烯酸酯)共聚物	Acrylonitrile-styrene-acrylate copolymer	ASA	自由基聚合
丁二烯橡胶	Butadiene rubber	BR	配位聚合
乙酸纤维素,纤维素乙酸酯	Cellulose acetate	CA	酯化
纤维素乙酸丁酸酯	Cellulose acetate butyrate	CAB	酯化
纤维素乙酸丙酸酯	Cellulose acetate propionate	CAP	酯化
羧甲基纤维素	Carboxymethylcellulose	CMC	碱化反应后醚化反应
硝化纤维素	Cellulose nitrate	CN	酯化
纤维素丙酸酯	Cellulose propionate	CP	酯化
氯丁橡胶	Chloroprene rubber	CR	乳液聚合
(乙烯-丙烯酸)共聚物	Ethylene-acrylic acid copolymer	EAA	自由基聚合
纤维素乙基醚,乙基纤维素	Ethylcellulose	EC	碱化反应后醚化反应
(乙烯-丙烯酸乙酯)共聚物	Ethylene-ethyl acrylate copolymer	EEA	自由基聚合
(乙烯-丙烯)共聚物	Ethylene-propene copolymer	E/P	配位聚合
二元乙丙橡胶	Ethylene-propylene rubber	EPM(EPR)	配位聚合:溶液聚合,悬浮法
三元乙丙橡胶	Ethylene-propylene-dien e monomer rubber or ethylene- propylene	EPDM(EPTR)	配位聚合:溶液聚合,悬浮法
(乙烯-乙酸乙烯酯)共聚物	Ethylene-vinyl acetate copolymer	EVA	自由基聚合
(四氟乙烯-六氟丙烯)共聚物	Perfluoro (ethylene-propene); Tetrafluoroethylene-hexafluoropropene copolymer	FEP	自由基聚合
高密度聚乙烯	High density polyethylene	HDPE	本体聚合,溶液聚合,气相聚合,配位聚合
(异丁烯-异戊二烯)共聚物,俗称丁基橡胶	Butyl rubber, poly (isobutylene-co-isoprene)	IIR	阳离子聚合
异戊二烯橡胶	Isoprene rubber	IR	溶液聚合
线型低密度聚乙烯	Linear low density polyethylene	LLDPE	配位聚合,溶液聚合
(三聚氰胺-苯酚-甲醛)共聚物	Melamine-phenol-formaldehyde copolymer	MPF	缩聚,逐步聚合
丁腈橡胶	Nitrile rubber,butadiene-acrylonitrile copolymer rubber	NBR	自由基乳液聚合
天然橡胶	Natural rubber	NR	天然高分子化合物
聚(1-丁烯)	Poly(1-butene)	PB	淤浆聚合,气相聚合
聚丙烯酸丁酯	Poly(butyl acrylate)	PBA	自由基聚合
聚对苯二甲酸丁二酯	Polybutylene terephthalate	PBT	熔融聚合

聚合物名称	英文全名	缩写(或代号)	制备实施方法
聚邻苯二甲酸二烯丙酯	Poly(diallyl phthalate)	PDAP	自由基聚合
聚乙烯	Polyethylene	PE	配位聚合,高温高压自由基聚合
聚醚醚酮	Polyetheretherketone	PEEK	缩聚,逐步聚合
聚醚酮	Polyetherketone	PEK	缩聚,逐步聚合
聚甲醛	Polyoxymethylene,polyformaldehyde	POM	本体聚合,溶液聚合,气相聚合,固相聚合
聚丙烯	Polypropylene	PP	配位聚合,自由基聚合
聚四氟乙烯	Polytetrafluoroethylene	PTFE	悬浮聚合,乳液聚合
聚乙烯醇缩丁醛	Polyvinyl butyral	PVB	本体聚合,缩醛化
聚(1,1-二氯乙烯)	Polyvinylidine dichloride	PVDC	悬浮聚合,沉淀聚合
聚(1,1-二氟乙烯)	Polyvinylidine difluoride	PVDF	乳液聚合,悬浮聚合
聚乙烯醇缩甲醛	Polyvinyl formal	PVFM	自由基溶液聚合
聚 N-乙烯基咔唑	Poly(N-vinylcarbazole)	PVK	自由基聚合,离子型聚合
聚 N-乙烯基吡咯烷酮	Poly(N-vinylpyrrolidone)	PVP	溶液聚合,本体聚合
(苯乙烯-丁二烯)共聚物	Styrene-butadiene copolymer	S/B	乳液聚合,本体聚合,悬浮聚合,溶液聚合
苯乙烯-丁二烯-苯乙烯嵌段共聚物	Styrene-butadiene-styrene block copolymer	SBS	阴离子溶液聚合
(聚)硅氧烷	Silicone	SI	阳离子开环聚合
[苯乙烯-(α-甲基苯乙烯)]共聚物	Styrene-(α-methylstyrene) copolymer	S/MS	自由基聚合
不饱和聚酯	Unsaturated polyester	UP	熔融缩聚
超高分子量聚乙烯	Ultra high molecular weight polyethylene	UHMWPE	低压聚合
超低密度聚乙烯	Ultra low density polyethylene	ULDPE	高压、低压聚合
(氯乙烯-乙烯)共聚物	Vinyl chloride-ethylene copolymer	VC/E	自由基聚合
(氯乙烯-乙烯-丙烯酸甲酯)共聚物	Vinyl chloride-ethylene-methyl acryltate copolymer	VC/E/MA	自由基聚合
(氯乙烯-乙烯-乙酸乙酯)共聚物	Vinyl chloride-ethylene-vinyl acetate copolymer	VC/E/VAC	自由基聚合
(氯乙烯-丙烯酸甲酯)共聚物	Vinyl chloride-methyl acrylate copolymer	VC/MA	悬浮聚合,熔融聚合
(氯乙烯-甲基丙烯酸甲酯)共聚物	Vinyl chloride-methyl methacrylate copolymer	VC/MMA	自由基聚合
(氯乙烯-乙酸乙烯酯)共聚物	Vinyl chloride-vinyl acetate copolymer	VC/VAC	溶液聚合,悬浮聚合,乳液聚合
(氯乙烯-1,1-二氯乙烯)共聚物	Vinyl chloride-vinylidene chloride copolymer	VC/VDC	自由基聚合

附录二 常见聚合物的物理常数

聚合物	M_0/(g/mol)	ρ_A/(g/cm³)	ρ_c/(g/cm²)	T_g/K	T_m/K
聚乙烯	28.1	0.85	1.00	195(150/253)	368/414
聚丙烯	42.1	0.85	0.95	238/299	385/481
聚异丁烯	56.1	0.84	0.94	198/243	275/317
聚1-丁烯	56.1	0.86	0.95	228/249	397/415
聚1,3-丁二烯(全同)	54.1		0.96	208	398
聚1,3-丁二烯(间同)	54.1	<0.92	0.963		428
聚 α-甲基苯乙烯	118.2	1.065		443/465	
聚苯乙烯	104.1	1.05	1.13	253/373/	498/523
聚4-氯代苯乙烯	138.6			383/339	
聚氯乙烯	62.5	1.385	1.52	247/356	485/583
聚溴乙烯	107.0			373	
聚偏二氟乙烯	64.0	1.74	2.00	233/286	410/511
聚偏二氯乙烯	97.0	1.66	1.95	255/288	463/483
聚四氟乙烯	100.0	2.00	2.35	160/400	292/672
聚三氟氯乙烯	116.5	1.92	2.19	318/273	483/533
聚乙烯醇	44.1	1.26	1.35	343/372	505/538
聚乙烯基甲基醚	58.1	<1.03	1.175	242/260	417/423
聚乙烯基乙基醚	72.1	0.94	70.79	231/254/	359
聚乙烯基丙基醚	86.1	<0.94			349
聚乙烯基异丙基醚	86.1	0.924	<0.93	270	464
聚乙烯基丁基醚	100.2	<0.927	0.944	220	237
聚乙烯基异丁基醚	100.2	0.93	0.94	246/255	433
聚乙烯基异丁基醚	100.2	0.92	0.956	253	443
聚乙烯基叔丁基醚	100.2		0.978	361	533
聚乙酸乙烯酯	86.1	1.19	>1.194	301	
聚丙烯乙烯酯	100.1	1.02		283	
聚2-乙烯基吡啶	105.1	1.25		377	483
聚乙烯基吡啶烷酮	111.1			418/448	
聚丙烯酸	72.1			379	
聚丙烯酸甲酯	86.1	1.22		281	
聚丙烯酸乙酯	100.1	1.12		251	
聚丙烯酸丙酯	114.1	<1.08	>1.18	229	188/435
聚丙烯酸异丙酯	114.1		1.08/1.18	262/284	389/453
聚丙烯酸丁酯	128.2	1.00/1.09		221	320

聚合物	M_0/(g/mol)	ρ_A/(g/cm³)	ρ_c/(g/cm²)	T_g/K	T_m/K
聚丙烯酸异丁酯	128.2	<1.05	1.24	249/256	354
聚甲基丙烯酸甲酯	100.1	1.17	1.23	266/399	433/473
聚甲基丙烯酸乙酯	114.1	1.119		285/338	
聚甲基丙烯酸丙酯	128.2	1.08		308/316	
聚甲基丙烯酸丁酯	142.2	1.05		249/300	
聚甲基丙烯酸 2-乙基丁酯	170.2	1.040		284	
聚甲基丙烯酸苯酯	162.2	1.21		378/393	
聚甲基丙烯酸苯甲酯	176.2	1.179		327	20.3
聚丙烯腈	53.1	1.184	1.27/1.54	353/378	591
聚甲基丙烯腈	67.1	1.10	1.34	393	523
聚丙烯酰胺	71.1	1.302		438	
聚 1,3-丁二烯(顺式)	54.1		1.01	171	277
聚 1,3-丁二烯(反式)	54.1		1.02	255/263	421
聚 1,3-丁二烯(混合)	54.1	0.892		188/215	
聚 1,3-戊二烯	68.1	0.89	0.98	213	368
聚 2-甲基 1,3-丁二烯(顺式)	68.1	0.908	1.00	203	287/309
聚 2-甲基 1,3-丁二烯(反式)	68.1	0.094	1.05	205/220	347
聚 2-甲基 1,3-丁二烯(混合)	68.1			225	
聚 2-叔丁基 1,3-丁二烯(顺式)	110.2	<0.88	0.906	298	379
聚 2-氯代 1,3-丁二烯(反式)	88.5		1.09/1.66	225	353/388
聚 2-氯代 1,3-丁二烯(混合)	88.5	1.243	1.356	228	316
聚甲醛	30.0	1.25	1.54	190/243	333/471
聚环氧乙烷	44.1	1.125	1.33	206/246	335/345
聚正丁醚	72.1	0.98	1.18	185/194	308/453
聚乙二醇缩甲醛	74.1		1.325	209	328/347
聚 1,4-丁二烯缩甲醛	102.1		1.414	189	296
聚氧化丙烯	58.1	1.00	1.14	200/212	333/348
聚氧化 3-氯丙烯	92.5	1.37	1.10/1.21		390/408
聚 2,6-二甲基对苯醚	120.1	1.07	1.461	453/515	534/548
聚 2,6-二苯基对苯醚	244.3	<1.15	71.12	221/236	730/770
聚硫化丙烯	74.1	<1.10	1.234		313/326
聚苯硫醚	108.2	<1.34	1.44	358/423	527/563
聚羟基乙酸	58.0	1.60	1.70	311/368	496/533
聚丁二酸乙二酯	144.1	1.175	1.358	272	379
聚己二酸乙二酯	172.2	<1.183/1.221	<125/1.45	203/233	320/338
聚间苯二甲酸乙二酯	192.2	1.34	>1.38	324	410/513

聚合物	$M_0/(\text{g/mol})$	$\rho_A/(\text{g/cm}^3)$	$\rho_c/(\text{g/cm}^2)$	T_g/K	T_m/K
聚对苯二甲酸乙二酯	192.2	1.335	1.46/1.52	342/350	538/577
聚 4-氨基丁酸(尼龙 4)	85.1	<1.25	1.34/1.37		523/538
聚 6-氨基乙酸(尼龙 6)	113.2	1.084	1.23	323/348	487/506
聚 7-氨基庚酸(尼龙 7)	127.2	<1.095	1.21	325/335	490/506
聚 8-氨基辛酸(尼龙 8)	141.2	1.04	1.04/1.18	324	458/482
聚 9-氨基壬酸(尼龙 9)	155.2	<1.052	>1.066	324	467/482
聚 10-氨基癸酸(尼龙 10)	169.3	<1.032	1.019	316	450/465
聚 11-氨基十一酸(尼龙 11)	183.3	1.01	1.12/1.23	319	455/493
聚 12-氨基十二酸(尼龙 12)	197.3	0.99	1.106	310	452
聚己二酰己二胺(尼龙 66)	226.3	1.07	1.24	318/330	523/455
聚庚二酰庚二胺(尼龙 77)	254.4	<1.06	1.108		469/487
聚辛二酰辛二胺(尼龙 88)	282.4	<1.09			478/498
聚壬二酰壬二胺(尼龙 610)	282.4	1.04	1.19	303/323	488/506
聚壬二酰壬二胺(尼龙 99)	310.5	<1.043			450
聚壬二酰癸二胺(尼龙 109)	324.5	<1.044			487
聚癸二酰癸二胺(尼龙 1010)	338.5	<1.032	>1.063	319/333	469/489
聚对苯二甲酰对苯二胺	238.2		1.54	580/620	

附表三　结晶聚合物的密度

单位：g/cm³

聚合物	ρ_c	ρ_a	聚合物	ρ_c	ρ_a
聚乙烯	1.00	0.85	聚丁二烯	1.01	0.89
聚丙烯	0.95	0.85	聚异戊二烯(顺式)	1.00	0.91
聚丁烯	0.95	0.86	聚异戊二烯(反式)	1.05	0.90
聚异丁烯	0.94	0.84	聚甲醛	1.54	1.25
聚戊烯	0.92	0.85	聚氧化乙烯	1.33	1.12
聚苯乙烯	1.13	1.05	聚氧化丙烯	1.15	1.00
聚氯乙烯	1.52	1.39	聚正丁醚	1.18	0.98
聚偏氯乙烯	2.00	1.74	聚六甲基丙酮	1.23	1.08
聚偏氯乙烯	1.95	1.66	聚对苯二甲酸乙二酯	1.50	1.33
聚三氟氯乙烯	2.19	1.92	尼龙 6	1.23	1.08
聚四氟乙烯	2.35	2.00	尼龙 66	1.24	1.07
聚乙烯醇	1.35	1.26	尼龙 610	1.19	1.04
聚甲基丙烯酸甲酯	1.23	1.17	聚碳酸双酚 A 酯	1.31	1.20

附表四　常见聚合物的折射率

聚合物	英文名称	折射率	聚合物	英文名称	折射率
聚四氟乙烯	polytetrafluoroethylene	1.35～1.38	聚乙烯	polyethylene	1.512～1.519
聚三氟氯乙烯	polytrifluorochloroethylene	1.39～1.43	聚异戊二烯(天然橡胶)	natural rubber	1.519
乙酸纤维素	cellulose acetate	1.46～1.50	聚丁二烯	polybutadiene	1.52
聚乙酸乙烯酯	polyvinyl acetate	1.47～1.49	聚异戊二烯(合成橡胶)	synthetic rubber	1.5219
聚甲基丙烯酸甲酯	polymethyl methacrylate	1.485～1.49	聚酰胺	polyamide	1.54
聚丙烯	polypropylene	1.49	聚氯乙烯	polyvinyl chloride	1.54～1.56
聚乙烯醇	polyving akohol	1.49～1.53	聚苯乙烯	polystyrene	1.59～1.60
酚醛树脂	phenolic resin	1.5～1.7	聚偏氯乙烯	polyvinylidene chloride	1.60～1.63
聚异丁烯	polyisobutene	1.505～1.51			

附表五　常见聚合物的特性黏度-分子量关系式（$[\eta]=KM\alpha$）的常数

聚合物	溶剂	温度/℃	$K\times10^3$ /(mL/g)	α	是否分级	测定方法	分子量范围 $M\times10^{-4}$
聚乙烯(低压)	十氢萘	135	67.7	0.67	否	LS	3～100
聚乙烯(高压)	十氢萘	70	38.7	0.738	是	OS	0.26～3.5
		135	46.0	0.73	是	LS	2.5～6.4
聚丙烯(无规立构)	十氢萘	135	15.8	0.77	是	OS	2.0～40
聚丙烯(等规立构)	十氢萘	135	11.0	0.80	是	LS	2～62
聚丙烯(间规立构)	庚烷	135	10.0	0.80	是	LS	10～100
聚氯乙烯	环己酮	25	204.0	0.56	是	OS	9～45
	四氢呋喃	25	49.8	0.69	是	LS	1.9～15
		30	63.8	0.65	是	LS	3～32
聚苯乙烯	苯	25	9.18	0.743	是	LS	3～70
		25	11.3	0.73	是	OS	7～180
	氯仿	25	11.2	0.73	是	OS	7～150
		30	4.9	0.794	是	OS	19～273
	甲苯	25	13.4	0.71	是	OS	7～150
		30	9.2	0.72	是	LS	4～146
聚苯乙烯(阳离子聚合)	苯	30	11.5	0.73	是	LS	25～300
聚苯乙烯(阳离子聚合)	甲苯	30	8.81	0.75	是	LS	25～300
聚苯乙烯(等规立构)	甲苯	30	11.0	0.725	是	OS	3～37
聚甲基丙酸甲酯	氯仿	25	4.8	0.80	是	LS	8～140
	苯	25	4.68	0.77	是	LS	7～630
	丁酮	25	7.1	0.72	是	LS	41～340
	丙酮	20	5.5	0.73	否	SD	4～800
		25	7.5	0.70	是	LS,SD	2～740
		30	7.7	0.70	否	LS	6～263

聚合物	溶剂	温度/℃	$K \times 10^3$/(mL/g)	α	是否分级	测定方法	分子量范围 $M \times 10^{-4}$
聚乙酸乙烯酯	丙酮	25	19.0	0.66	是	LS	4～139
	苯	30	56.3	0.62	是	OS	2.5～86
	丁酮	25	42	0.62	是	OS,SD	1.7～120
聚丙烯腈	二甲基甲酰胺	25	16.6	0.81	是	SD	4.8～27
		25	24.3	0.75	否	LS	3～26
		35	27.8	0.76	是	DV	3～58
聚乙烯醇	水	25	459.5	0.63	是	黏度	1.2～19.5
		30	66.6	0.64	是	OS	3～12
聚丙烯酸	1mol/L NaCl 水溶液	25	15.5	0.90	是	OS	4～50
聚丙烯酰胺	水	30	6.31	0.80	是	SD	2～50
聚丙烯腈	二甲基甲酰胺	25	16.6	0.81	是	SD	4.8～2.7
		25	24.3	0.75	否	LS	3～26
		35	27.8	0.76	是	DV	3～58
硝化纤维素	丙酮	25	25.3	0.795	是	OS	6.8～22.4
	环己酮	32	24.5	0.80	是	OS	3.8～22.4
天然橡胶	苯	30	18.5	0.74	是	OS	8～28
	甲苯	25	50.2	0.667	是	OS	7～100
丁苯橡胶(50度乳液聚合)	苯	25	52.5	0.66	是	OS	1～100
	甲苯	25	52.5	0.667	是	OS	2.5～50
		30	16.5	0.78	是	OS	3～35
聚对苯二甲酸乙二醇酯	苯酚/四氯乙烷 (1:1)	25	21.0	0.82	是	E	0.5～3
聚二甲基硅氧烷	甲苯	25	21.5	0.65	否	OS	2～130
	丁酮	30	48	0.55	是	OS	5～66
聚碳酸酯	氯仿	25	12.0	0.82	是	LS	1～7
	二氯甲烷	25	11.0	0.82	是	SD	1～27
聚甲醛	二甲基甲酰胺	150	44	0.66	否	LS	8.9～28.5
聚环氧乙烷	甲苯	35	14.5	0.70	否	E	0.04～0.4
	水	30	12.5	0.78	否	S	10～100
		35	16.6	0.82	否	E	0.04～0.4
尼龙-66	邻氯苯酚	25	168.0	0.62	否	LS,E	1.4～5
	间甲苯酚	25	240.0	0.61	否	LS,E	1.4～5
	甲酸(90%)	25	35.3	0.786	否	LS,E	0.6～6.5
聚己内酰胺	间甲苯酚	25	320.0	0.62	是	E	0.05～5
	甲酸(85%)	25	22.6	0.82	是	LS	0.7～12
尼龙-610	间甲苯酚	25	13.5	0.96	否	SD	0.8～2.4

注：OS为渗透压；LS为光散射；E为端基滴定；SD为超速离心沉淀和扩散；DV为扩散和黏度。

附录六　常见聚合物分级用的溶剂和沉淀剂

聚合物	溶剂	沉淀剂	聚合物	溶剂	沉淀剂
聚甲基丙烯酸甲酯	丙酮	水	聚苯乙烯	三氯甲烷	甲醇
	丙酮	己烷		甲苯	甲醇
	苯	甲醇		苯	乙醇
	氯仿	石油醚		甲苯	石油醚
聚乙酸乙烯酯	丙酮	水	聚丙烯腈	二甲基甲酰胺	庚烷
聚乙酸乙烯酯	苯	异丙醇	聚氯乙烯	环己酮	正丁醇
聚己内酰胺	甲酚	环戊烷		环己酮	甲醇
	甲酚＋水	汽油		四氢呋喃	丙醇
乙基纤维素	乙酸甲酯	丙酮-水(1,3)		硝基苯	甲醇
	苯-甲醇	庚烷	聚氯乙烯	环己烷	丙醇
醋酸纤维素	丙酮	水		四氢呋喃	甲醇
	丙酮	乙醇		水	丙醇
聚苯乙烯	丁酮	甲醇	聚乙烯醇	水	正丙醇
	丁酮	丁醇＋2％水		乙醇	苯
	苯	甲醇	丁基橡胶	苯	甲醇

附录七　历届诺贝尔化学奖获得者名单

获奖年份	获奖者	国籍	主要成就
1901	范托霍夫	荷兰	化学动力学和渗透压定律
1901	费雪	德国	合成嘌呤及其衍生物多肽
1903	阿伦纽斯	瑞典	电解质溶液电离解理论
1903	拉姆赛因	英国	发现六种惰性所体,并确定它们在元素周期表中的位置
1905	拜耳	德国	研究有机染料及芳香剂等
1905	穆瓦桑	法国	分离元素氟、发明穆瓦桑熔炉
1907	毕希纳	德国	发现无细胞发酵
1908	卢瑟福	英国	研究元素的蜕变和放射化学
1909	奥斯特瓦尔德	德国	催化、化学平衡和反应速度
1910	瓦拉赫	德国	脂环族化合作用
1911	玛丽·居里(居里夫人)	法国	发现镭和钋,并分离出镭
1912	格利雅萨巴蒂埃	德国 法国	发现有机氢化物的格利雅试剂法 研究金属催化加氢在有机化合成中的应用
1913	韦尔纳	瑞士	分子中原子键合方面的作用

获奖年份	获奖者	国籍	主要成就
1914	理查兹	美国	精确测定若干种元素的原子量
1915	威尔泰特	德国	叶绿素化学结构
1918	哈伯	德国	氨的合成
1920	能斯脱	德国	发现热力学第三定律
1921	索迪	英国	放射化学、同位素的存在和性质
1922	阿斯顿	英国	用质谱仪发现多种同位素并发现原子
1923	普雷格尔	奥地利	有机物的微量分析法
1925	席格蒙迪	奥地利	阐明胶体溶液的复相性质
1926	斯韦德堡	瑞典	发明高速离心机并用于高分散胶体物质的研究
1927	维兰德	德国	发现胆酸及其化学结构
1928	温道斯	德国	研究丙醇及其维生素的关系
1929	哈登；奥伊勒歇尔平	英国；瑞典	有关糖的发酵和酶在发酵中作用和作用研究
1930	费歇尔	德国	研究血红素和叶绿素,合成血红素
1932	朗缪尔	美国	提出并研究表面化学
1934	尤里	美国	发现重氢
1935	约里奥·居里	法国	合成人工放射性元素
1936	德拜	荷兰	研究 X 射线的偶极矩和衍射及气体中的电子
1938	库恩	德国	研究类胡萝卜素和维生素
1943	赫维西	匈牙利	化学研究中用同位素作示踪物
1944	哈恩	德国	发现重原子核的裂变
1945	维尔塔宁	芬兰	发明酸化法贮存鲜饲料
1946	萨姆纳；诺思罗普、斯坦利	美国	发现酶结晶；制出酶和病素蛋白质纯结晶
1947	罗宾逊	英国	研究生物碱和其他植物制品
1948	蒂塞利乌斯	瑞典	研究电泳和吸附分析血清蛋白
1949	吉奥克	美国	研究超低温下的物质性能
1950	狄尔斯、阿尔德	德国	发现并发展了双稀合成法
1951	麦克米伦、西博格	美国	发现超轴元素镎等
1952	马丁、辛格	英国	发明分红色谱法
1953	施陶丁格	德国	对高分子化学的研究
1954	鲍林	美国	研究化学键的性质和复杂分子结构
1955	迪维格诺德	美国	第一次合成多肽激素
1956	欣谢尔伍德；谢苗诺夫	英国；苏联	研究化学反应动力学和链式反应
1957	托德	英国	研究核苷酸和核苷酸辅酶
1958	桑格	英国	确定胰岛素分子结构
1959	海洛夫斯基	捷克斯洛伐克	发现并发展极谱分析法,开创极谱学

获奖年份	获奖者	国籍	主要成就
1960	利比	美国	创立放射性碳测定法
1961	卡尔文	美国	研究植物光合作用中的化学过程
1962	肯德鲁;佩鲁茨	英国	研究蛋白质的分子结构
1963	纳塔;齐格勒	意大利;德国	合成高分子塑料
1964	霍奇金	英国	用 X 射线方法研究青霉素和维生素 B_{12} 等的分子结构
1965	伍德沃德	美国	人工合成类固醇、叶绿素等物质
1966	马利肯	美国	创立化学结构分子轨道学说
1967	艾根;波特	德国;英国	发明快速测定化学反应的技术
1968	昂萨格	美国	创立多种热动力作用之间相互关系的理论
1969	巴顿;哈赛尔	英国;挪威	测定有机化合物的三维构相方面的工作
1970	莱格伊尔	阿根廷	发现糖核甙酸及其在碳水化合的生物合成中的作用
1971	赫茨伯格;安芬森	加拿大;美国	研究分子结构;研究核糖核酸梅的分子结构
1972	穆尔;斯坦因	美国	研究核糖核酸梅的分子结构
1973	费舍尔;威尔金森	德国;英国	有机金属化学的广泛研究
1974	弗洛里	美国	研究高分子化学及其物理性质和结构
1975	康福思;普雷洛洛	英国;瑞士	研究有机分子和酶催化反应的立体化学;研究有机分子及其反应的立体化学
1976	利普斯科姆	美国	研究硼烷的结构
1977	普里戈金	比利时	提出热力学理论中的耗散结构
1978	米切尔	英国	生物系统中的能量转移过程
1979	布朗;维蒂希	美国;德国	在有机物合成中引入硼和磷
1980	伯格;吉尔伯特;桑格	美国;美国;英国	研究操纵基因重组 DNA 分子;创立 DNA 结构的化学和生物分析法
1981	福井谦一;霍夫曼	日本;美国	提出化学反应边缘机道理论;提出分子轨道对称守恒原理
1982	克卢格	英国	晶体电子显微镜和 X 射线衍射技术研究核酸蛋白复合体
1983	陶布	美国	对金属配位化合物电子能移机理的研究
1984	梅里菲尔德	美国	对发展新药物和遗传工程的重大贡献
1985	豪普特曼;卡尔勒	美国	发展了直接测定晶体结构的方法
1986	赫希巴赫;李远哲;波拉尼	美国;美籍华裔;德国	交叉分子束方法;发明红外线化学研究方法
1987	克拉姆;莱恩;佩德森	美国;法国;美国	合成分子量低和性能特殊的有机化合物;分子的研究和应用方面的新贡献
1988	戴森霍费尔;胡贝尔;米歇尔	德国	第一次阐明由膜束的蛋白质形成的全部细节

获奖年份	获奖者	国籍	主要成就
1989	切赫;奥尔特曼	美国;加拿大	发现核糖核酸催化功能
1990	科里	美国	创立关于有机合成的理论和方法
1991	恩斯特	瑞士	对核磁共振光谱高分辨方法发展作出重大贡献
1992	马库斯	美国	对化学系统中的电子转移反应理论作出贡献
1993	穆利斯;史密斯	美国;加拿大籍英裔	发明"聚合酶链式反应"法,在遗传领域研究中取得突破性成就;开创"寡聚核苷酸基定点诱变"方法
1994	奥拉	美国	在碳氢化合物即烃类研究领域做出了杰出贡献
1995	保罗·克鲁森;舍伍德·罗兰;马里奥·莫利纳	荷兰;美国;美国	解释了臭氧层厚度和空洞扩大的原因及对地球环境的影响
1996	罗伯特·柯尔;理查德·斯莫利;哈罗德·克罗托	美国;英国	发现了碳的球状结构——富勒式
1997	博耶;斯科;沃克	美国;丹麦;英国	蛋白质能量转化方面的开创性工作
1997	杰恩·斯库	丹麦	发现钠/钾泵
1998	沃尔特·库恩;约翰·波普尔	美国	量子化学计算方法
1999	艾哈迈德·泽维尔	埃及美国双重国籍	飞秒化学技术对化学反应过程进行的研究。
2000	黑格;麦克迪尔米德;白川秀树	美国;美国;日本	发现能够导电的塑料
2001	威廉·诺尔斯;巴里·夏普莱斯;野依良治	美国;美国;日本	在"手性催化氢化反应"领域取得的成就
2002	约翰·芬恩;田中耕一;库尔特·维特里希	美国;日本;瑞士	发明了对生物大分子进行确认和结构分析、质谱分析的方法
2003	彼得·阿格雷;罗德里克·麦金农	美国	在细胞膜通道方面做出的开创性贡献
2004	阿龙·西查诺瓦;阿弗拉姆·赫尔什科;伊尔温·罗斯	以色列;以色列;美国	蛋白质控制系统方面的重大发现
2005	伊夫·肖万;罗伯特·格拉布;理查德·施罗克	法国;美国;美国	有机化学的烯烃复分解反应研究方面作出了贡献
2006	罗杰·科恩伯格	美国	在"真核转录的分子基础"研究领域所作出的贡献
2007	格哈德·埃特尔	德国	固体表面化学过程研究
2008	钱永健;下村修;马丁·沙尔菲	美国华裔;日本;美国	生物发光现象研究
2009	万卡特拉曼·莱马克里斯南;托马斯·施泰茨;阿达·尤纳斯	英国;美国;以色列	"核糖体的结构和功能"的研究
2009	约西亚·威拉德·吉布斯	美国	提出吉布斯定律
2010	理查德-赫克;根岸英一;铃木章	美国;日本	开发更有效的连接碳原子以构建复杂分子的方法
2011	达尼埃尔·谢赫特曼	以色列	发现准晶体

获奖年份	获奖者	国籍	主要成就
2012	罗伯特·莱夫科维茨;布莱恩·克比尔卡	美国	G蛋白偶联受体上的成就
2013	马丁·卡普拉斯;迈克尔·莱维特;阿里耶·瓦谢勒	美国	为复杂化学系统创立了多尺度模型
2014	埃里克·白兹格,威廉姆·艾斯科·莫尔纳尔,斯特凡·W·赫尔	美国 德国	超分辨率荧光显微技术领域取得的成就

参 考 文 献

[1] 潘祖仁.高分子化学.第4版.北京：化学工业出版社，2007.

[2] 珊瑚化工厂编著.有机玻璃（及同类聚合物）.上海：上海科学技术出版社，1979.

[3] 赵立群，于智，杨凤主编.高分子化学实验.大连：大连理工大学出版社，2010.

[4] 何卫东.高分子化学实验.合肥：中国科学技术大学出版社，2003.

[5] 梁晖，卢江主编.高分子化学实验.北京：化学工业出版社，2004.

[6] 上海树脂厂编.环氧树脂.上海：上海人民出版社，1971.

[7] Krylova. Painting by electrodeposition on the eve of the 21st century. Progress in organic coatings，2001，42（3-4）：119-131.

[8] T. Kawanami, I. Kawakami, H. Sakamoto, H. Hori. Super environment-friendly electrodeposition paint. Progress in Organic Coatings，2000，40（1-4）：61-62.

[9] 居滋善主编.涂料工艺.北京：化学工业出版社，1998.

[10] 卢林刚，殷全明，徐晓楠等.双酚A双（磷酸二苯酯）/SiO_2对环氧树脂阻燃性能研究.塑料，2008，37（5）：83-95.

[11] 李响，钱立军，孙凌刚等，阻燃剂的发展及其在阻燃塑料中的应用.塑料，2003，32（2）：45-52.

[12] 马继盛，漆宗能，张树范等，插层聚合制备聚丙烯/蒙脱土纳米复合材料及其结构性能表征.高等学校化学学报，2001，22（10）：1767-1770.

[13] 金国呈，姚俊琦，施庆锋等，环氧树脂/蒙脱土纳米复合材料的制备与性能表征.华东理工大学学报，2006，32（12）：1422-1426.

[14] 李宗剑，王立新，任丽.不饱和聚酯/蒙脱土阻燃纳米复合材料的制备及表征，化工新型材料，2007，25（6）：63-65.

[15] 杨建文，曾兆华，陈用烈著.光固化涂料及应用.北京：化学工业出版社，2004.

[16] 李治全.新型稠环芳茂铁盐阳离子光引发剂的合成及其光化学性能研究.2009.

[17] 陈明，陈其道，肖善强，洪啸吟.混杂光固化体系的原理及应用.感光科学与光化学，2001，19（3）：208-216.

[18] 陈小文.快速成型感光材料体系的研究.华南理工大学，2011.

[19] 周达飞，周颂超.高分子材料成型加工.第二版.北京：化学工业出版社，2010.

[20] 沈新元.高分子材料与工程专业实验教程.北京：化学工业出版社，2010.

[21] 沈新元.高分子材料加工原理.北京：化学工业出版社，2009.

[22] 吴其晔，巫静安.高分子材料流变学.北京：化学工业出版社，2002.

[23] 柳明珠，曹丽歆.丙烯酸与海藻酸钠共聚制备耐盐性高吸水树脂.应用化学，2002，15：455-458.

[24] 林健，牟日栋，李伟.海藻酸钠-高岭土/聚丙烯酸-丙烯酰胺吸水树脂的制备及其性能.科技导报，2010，28：55-58.

[25] H. Cartier, G. H. Hu. Styrene-assisted melt free radical grafting of glycidyl methacrylate onto polypropylene. J. Polym. Sci. , Part A：Polym. Chem. ，1998，36（7）：1053-1063.

[26] Gaylord N G，Mehta M. Role of homopolymerizat ion in the peroxide-Catalyzed reaction of maleic anhydride and poly-ethylene in the absence of solvent. J Polym Sci Polym Let t Ed，1982，20（9）：481-486.

[27] 徐亚鹏，李英，倪忠斌，任静娇，陈明清.新型PDHCA-b-PEG聚酯的合成与性能.功能高分子学报，2009：253-258.

[28] 徐亚鹏，李继航，陈明清，任静娇，倪忠斌，刘晓亚.可生物降解聚酯P(DHCA-co-LA)的合成与表征.高分子学报，2010：300-307.

[29] 朱丽芳，马崇峰，李小杰，陈明清，杨成，刘晓亚.双亲性聚（丙烯酸-co-苯乙烯）的制备及其自组装行为.石油化工，2007，36：488-392.